33,00

IBRASA
LIVROS QUE CONSTROEM

Coleção "AGARTHA" – 4

Obras do prof. Luís A. Weber Salvi

Volumes publicados:

1. *Maitreya – A Luz do Novo Mundo*
2. *Tushita – O Reino da Felicidade (O Dharma de Maitreya Buda)*
3. *O Livro dos Portais – O Testemunho da Terra (O Plano de Shambala)*

Contatos com o autor:
E-mail: albion@uol.com.br
Caixa Postal 11063 - CEP 90880-970
Porto Alegre-RS
Fone: (51)231-6081

A GEOGRAFIA SAGRADA DA AMÉRICA DO SUL

Catalogação na Fonte
do Departamento Nacional do Livro

S184g Salvi, Luís A. W. (Luís A. Weber)
A geografia sagrada da América do Sul / Luís A. Weber. – São Paulo : IBRASA, 2000.
240p. ; cm.

ISBN 85-348-016-6

Inclui bibliografia.

1. Nova Era (Movimento esotérico). 2. Espaço sagrado - América do Sul. 3. Religião e geografia. I. Título.

CDD-299.93

A GEOGRAFIA SAGRADA DA AMÉRICA DO SUL

Luís A. Weber Salvi

IBRASA
INSTITUIÇÃO BRASILEIRA DE DIFUSÃO CULTURAL LTDA.
SÃO PAULO

Direitos exclusivos para
a língua portuguesa da

IBRASA

INSTITUIÇÃO BRASILEIRA DE DIFUSÃO CULTURAL LTDA.

R. 13 de Maio, 365/367
Tels./Fax: (11) 3107-4100, 3107-3513
CEP 01327-000 – São Paulo – Brasil

E-mail: editoraibrasa@uol.com.br
E-mail: editora.ibrasa@ig.com.br

Capa
MAURÍCIUS M. MARTINO

Editoração eletrônica
TERA DOREA

IMPRESSO EM 2000

IMPRESSO NO BRASIL – PRINTED IN BRAZIL

Cada parte do mundo está destinada a ser o
Centro Espiritual durante um tempo
determinado, em que trabalham os Iniciados para
conservar o equilíbrio do magnetismo Universal.

S. R. DE LA FERRIÈRE

SUMÁRIO

Introdução 13

Parte I – O Mesocosmos: A Construção da História 17

Capítulo 1 – A Herança Sul-Americana 19
A Construção da História 23
As Sete Perfeições 25
Capítulo 2 – As Duas Almas 28
Capítulo 3 – O Encontro das Três Raças 33
Capítulo 4 – Sob o Signo da Cruz 37
Capítulo 5 – As Cinco Regiões 45
As Cinco Regiões Brasileiras 45
As Cinco Regiões Subcontinentais 47
O Cruzeiro do Sul 51
Capítulo 6 – A Espacialidade Continental 53
Os Andes – "Coluna Vertebral" do Subcontinente 53
A Formação dos Andes 56
A Mística da Grande Cordilheira 58

A Estrutura Hierárquica: *Espaço* 59
As Montanhas do Demiurgo 60
Os Cumes Americanos 61
Aconcágua: *A Montanha Coroada* 64
A "Yoga Geográfica" Andina 66
Cabala Geográfica Andina 71
A Dialética Cósmica 72
Outras Analogias 78
Capítulo 7 – A Temporalidade Continental 82
A Conjuntura Polar: *Tempo* 82
O Valor de *Pi,* o Triângulo Pitagórico e a Seção Áurea . . 86
Capítulo 8 – O Cone Sul Místico ou a "Ressurreição do Egito" 89
As Hátores ou as Terras Sagradas 91
O Panteão Solar 93
A Nova Heliópolis (*On,* Cairo) – *Uma Profecia Egípcia* 95

Parte II – *O Sol e a Lua* ou A Herança Ibérica 101

Capítulo 9 – A Grande Expansão 103
A Espanha Imperial 104
O Brasil e seu Povo 106
Capítulo 10 – As Missões do Paraguai 109
Capítulo 11 – A Missão dos Hispânicos 112
A Riqueza da Diversidade 113
Capítulo 12 – O Sebastianismo no Brasil 115
A Grande Mão do Destino 115
Capítulo 13 – A Missão do Brasil 123
O Carma Sagrado ou *a Preparação do Templo* 123
Território Continental 126
O Mesocosmos 128
Uma Vocação Sagrada 129
O Brasil e a Índia 129
Capítulo 14 – O Portal dos Trópicos 132
Capítulo 15 – Uma Utopia chamada Brasília 135
Capítulo 16 – O Plano Nacional 140
Capítulo 17 – O Sabat Divino 146

Parte III – *A Estrela* ou o Elo dos Pampas 149

Capítulo 18 – O Espaço e o Tempo 151
Formação da Terra: *a Economia dos Ventos* 152
A Evolução da Vida 153
A Domesticação da Natureza 155
Espaço: *o Continente* 156
Tempo: *a Vigília* 158
O Nascimento do Gauchismo: *o Futuro* 161
Capítulo 19 – Uma Nova Raça 163
A Raça Polar 166
Capítulo 20 – Vocação Cosmopolita 168
Capítulo 21 – Filosofia e Poder 171
"Vontade-e-Poder" 175
Capítulo 22 – Uma Estética de Centro 178
Capítulo 23 – O Refinamento da Cultura 181
Folclore e Tradição 183
Capítulo 24 – Alguns Símbolos Sagrados 186
O Cavalo e seu Amo 186
A Boleadeira 187
O Poncho 188
A Vaca e a Doma 188
A "Querência" 189
O Chimarrão 190
O Simbolismo do *Cone* 192
O Círculo Solar 193
As Árvores 194
Capítulo 25 – A Missão dos Pampas 195
Capítulo 26 – O Território Autônomo de São Pedro 199
Capítulo 27 – Uma Cidade Mágica 205
Coordenadas Sagradas da Capital 209

Bibliografia 213

Parte III — [illegible] 149

Capítulo 8 — O Espaço e o Tempo [illegible] 151

[illegible] 152

A Evolução da Vida [illegible] 153

A [illegible] 156

[illegible]

INTRODUÇÃO

Vivemos tempos de grandes transformações. As nações mudam suas faces e as instituições exigem novas dimensões de experiência.

E é também uma época de encontros e renovação. E nesta época de síntese cultural, as Américas despontam como o palco privilegiado para o encontro de raças e culturas destinado a gerar o novo e a unidade. Mitos e profecias apontam para as Américas como a esperança de uma nova humanidade. Muito já tem sido realizado – uma primeira parte, de formação e consolidação de seus elementos – e uma outra está iniciando em nossos dias: a etapa superior, de síntese, integração e de realização coletiva, portanto, o aspecto verdadeiramente *sagrado*.

Através disto já emerge um verdadeiro renascimento cultural na América do Sul. Na esteira desta nova emergência sagrada, ressurgem as antigas tradições de aplicar à História e à Geografia uma ordem cósmica. Ao longo desta obra, veremos a idealização de muitos de seus elementos, como montanhas, centros e costumes.

E entre os símbolos mais característicos deste processo estão o *Sol* – antigo referencial dos povos andinos que agora ressurge através das profecias associadas ao Brasil – e o *condor*, velho emblema dos iniciados sul-americanos que hoje vem a representar a augusta Hierarquia espiritual, manifestada no subcontinente.

O Recurso Simbólico

Os símbolos permanecem na alma humana como os horizontes estão para a topologia: representam a promessa de futuro, os objetivos e os ideais. Ajudam a caminhar, dão rumo e motivação.

Por isso, não significam necessariamente um apelo fetichista. Recursos como peregrinações e festividades são comuns à religiosidade popular e dificilmente removíveis, servindo antes como uma base social. A importância da peregrinação para a alma é incontestável. Na religião hindu, um dos ideais dos idosos é morrer numa definitiva peregrinação, rumo a um destes centros sagrados.

As alusões a acidentes geográficos "sagrados" podem ser puramente míticos (como o Olimpo grego) ou apenas simbólicos. A *concretização dos símbolos* representa uma etapa intermediária entre a religião pura e a idolatria. Esta última etapa inclui de forma mais pungente os *souvenires* espirituais.

A concretização destes símbolos torna-se importante com a decadência dos valores espirituais, gerando alternativas para as excessivas dificuldades mundanas.

O símbolo da montanha, enquanto elevação, é um dos mais poderosos deles. As superiores culturas tibetana e andina apenas se tornaram viáveis em épocas extremamente tardias da civilização. Pode-se dizer que, inicialmente, ninguém aspirava por ascender a tais platôs. A vida nas planícies era muito mais fácil, e possivelmente mais sábia enquanto viável. É verdade que os desafios e as grandezas existentes nas alturas convidam à ascese, mas os lugares ermos também servem como refúgio para a escória cultural de toda a sorte – ladrões, bandidos e nigromantes.

O processo tibetano é bem conhecido. O budismo e o hinduísmo, já refundidos, começaram a ser "exportados" para o Tibet – até então era um refúgio para o xamãnismo remanescente e seus rústicos representantes – numa época em que essas culturas se viam ameaçadas, sobretudo pela chegada do Islã ao norte da Índia. E foi preciso fundir paulatinamente as religiões indianas às xamânicas existentes no altiplano tibetano.

No Peru se iniciaram civilizações importantes nas costas do Pacífico, e com o tempo subiu-se o altiplano buscando-se novas etapas e até maior segurança.

O recurso das ilhas – amiúde tomado simbolicamente e até com um sentido semelhante ao das montanhas – também foi muitas vezes procurado como abrigo cultural da humanidade, mas nem sempre com o sucesso desejado. A América antiga estava bastante mais submersa, sobretudo a Amazônia e o Pantanal ou *Chaco*. A Ilha de Páscoa, no paralelo 30, foi um símbolo original, assimilado mais tarde à Ilha do Sol do Lago Titicaca, da qual os mitos rezam ter vindo os grandes fundadores do Império Inca.

Com o presente trabalho focalizamos também a *concretização do mito*, uma vez que a América está predestinada a manifestar uma nova Civilização mundial, trazendo referenciais globais para o futuro da humanidade. E nisto podemos observar que os elementos voltam a apresentar conteúdos simbólicos – as montanhas voltam a ser antes de tudo referências interiores e espirituais, por exemplo, podendo expressar esta essência em regiões formalmente distintas.

Na base de tudo isso se encontra também um resgate. Muito sofrimento e injustiça foi gerado no processo da Conquista. Diversos valores e conhecimentos preciosos foram depreciados, alguns deles pertencentes a um longínquo passado em outras partes do globo, mas que agora, retornando na espiral da História, têm como referência mais próxima as culturas pré-colombianas.

Por isso, é importante realizar um grande resgate. É desejável encontrar um sentido para a História. É sábio valorizar e recuperar aquilo que existiu de bom. É fundamental fazer justiça, e é vital honrar a verdade.

PARTE I

O Mesocosmos: A Construção da História

Capítulo 1

A HERANÇA SUL-AMERICANA

Apesar do tratamento truculento quase sempre conferido aos índios pré-colombianos, da crueldade sistemática exercida consciente e inconscientemente, e do genocídio realizado com boas e más intenções, ainda restaram importantes indícios de cultura superior no subcontinente, mesmo que limitando-se praticamente aos Andes e adjacências, assim como nas terras próximas à América Central.

As ruínas de Tiwanaco, de Macchu Picchu e dos Moches, dão um testemunho eloqüente da antiga grandeza. A Ilha de Páscoa acrescenta mistérios significativos, inclusive com uma escrita hieroglífica ainda não decifrada. Nas Serras de Santa Marta, ao norte da Colômbia, encontramos vestígios de ciências espirituais avançadas, incluindo calendários superiores herdados dos maias antigos.

Muitos dos antigos povos foram dizimados, restando de sua memória poucas lembranças e, com sorte, alguns costumes adotados pelos colonizadores.

Apesar de tudo isto, o processo aberto com a Conquista não pode ser simplesmente jogado no rol da fatalidade. Dada a própria dimensão dos eventos envolvidos, o intercâmbio foi profundo e teve valor, seja em nível racial como cultural. Um novo futuro se descortinaria desde então, numa gestação difícil e num parto certamente doloroso, como de costume.

Existe nisto a geração de um novo ambiente cultural, e se o antigo foi deslocado, isto também tem sentido, mesmo porque os europeus não chegaram às Américas em nenhuma Idade de Ouro, pelo contrário, reinava a decadência generalizada, com conflitos internos ao Norte e ao Sul do Equador – e foi isso justamente que facilitou a Conquista.

Como aconteceu muitas vezes na História, ali onde existiram as culturas mais avançadas também reuniu-se o maior número de habitantes, os quais sobreviveram amplamente ao processo da Conquista, embora bastante aculturados.

Pela próprio caráter cíclico das coisas, é precisamente onde houve culturas superiores, e onde mais restaram populações autóctones, que o novo terá uma função bastante parcial, acarretando um renascimento parcial ("místico"), mas também sem um grande dinamismo renovador ("sagrado"). Permanecem portanto como *regiões atávicas*, importantes como reserva ideológica e como banco de memória cultural.

Apesar de seus antigos padrões serem valorizados e até empregados como modelo, auxiliando significativamente para formar um novo contexto global, isto não significa que tais berços venham por si só gerar novos focos de civilizações superiores. É preciso observar para isso a dinâmica das coisas e o valor relativo que cada elemento possui num quadro mais amplo.

Muitas vezes estes elementos servirão como modelos a serem universalizados, sobretudo quando expressam elevados padrões de qualidade, como ocorre na arte e na manufatura andina (que segue avançando e adaptando-se), cujos produtos têxteis continuam sendo artesanais e uma das grandes fontes de renda para as populações pobres.

Ainda assim, é inevitável (e desejável) que outras regiões venham à luz, de uma forma ampla, e isso está para ocorrer na região sudeste, onde as características civilizatórias são excelentes, havendo permanecida ignorada nos processos pré-colombianos de civilização superior. As regiões extremas, altas, quentes e centrais, correspondem a períodos tardios da Civilização, relacionando-se a mitos atávicos e a profecias.

É verdade que o Altiplano andino, especialmente, é uma região mágica com suas enormes montanhas a 4.000 metros de altitude, próximo às estrelas, com cerca de 100.000 km^2, nos quais se desenvolveram algumas das mais elevadas civilizações do globo. O sol abrasador e a atmosfera rarefeita geram solenidade. As longas noites e os horizontes velados pelas montanhas nevadas, quais guardiães encanecidos, conduzem à introspecção. Trata-se de um universo relativamente estável, com raras chuvas ou ventos, simbolizado nisto pelo lago Titicaca, centro supremo das antigas civilizações andinas e alvo de seus grandes mitos.

Mas nada disso desmente o seu isolamento e as suas dificuldades. Os Andes são, hoje, apenas mais uma região do mundo, importante sem dúvida, mas um centro político-cultural como era no passado. É um mundo em extinção como o próprio Titicaca, último resquício de um antigo Mar interior (com 60 metros acima do nível atual), gerado pela elevação das cadeias paralelas de montanhas desde o fundo dos mares. Se as grandiosas ruínas dão testemunho de um passado de glórias, os imensos *salares* – alguns maiores do que o próprio Titicaca –, provam que este antigo mundo vem sofrendo grandes transformações.

Sua cultura deve ser restaurada, na medida do possível, mas isso não significa a sua completa recuperação, como foi pretendido por alguns, embora certamente venha a se tornar um dos grandes pólos da Nova Era, como já vem se revelando, aliás, e será ainda muito mais, porque se trata de uma cultura que irá se difundir e universalizar, exportando padrões para todo o mundo. As *formas* ali desenvolvidas, inclusive no plano intelectual, serão muito valorizadas.

Mas a grande *renovação* ocorre em regiões de clima ameno e com ecologia equilibrada, em maior contato com o mundo e com a própria natureza. Estamos tratando, portanto, de uma região *central*, se não do subcontinente, certamente *dele* e *do* Hemisfério Sul. E por ser central, sujeita a uma climatogia complexa e variada, essa região capacita-se a assimilar influências de todas as regiões que a cercam.

A "herança" sul-americana não se limita portanto às culturas indígenas. É preciso considerar todo o caldeamento racial e a síntese cultural obtida juntamente aos europeus e aos africanos.

Esse longo processo de adaptação e formação tem várias etapas e aspectos. O aspecto religioso sempre foi muito importante, estando por detrás da "legitimidade" conferida pela Igreja aos conquistadores. A espada estava justificada pela cruz. A ferro e fogo, os indígenas aceitaram o Cristianismo, mesmo que de uma forma sincrética, dando margem à construção de inúmeras igrejas e mosteiros.

Nesse sentido, um dos fenômenos mais significativos da fase formativa foram as várias Missões, sobretudo a utopia religiosa dirigida pelos jesuítas entre os guaranis (apesar de "encomendada" pela coroa espanhola), no centro dessa nova região, que serão analisadas adiante.

Tudo isso culmina agora com a realização de aspectos inclusive proféticos de conseqüências mundiais. Muita gente tem a sensação de que o futuro radica-se na América Latina, e este pressentimento assenta-se sobretudo em aspectos *espirituais*, uma vez que a mística do encontro de culturas e raças sempre denota o dom da fraternidade, da renovação e da transcendência.

A par disso, verifica-se que tardaram 500 anos para que as nações estivessem amadurecidas para ensaiar mais seriamente o modelo continental – trata-se na verdade de um ciclo clássico, que comentaremos adiante. O movimento de integração que se observa na América do Sul, de formação de blocos econômicos entre nações com raízes culturais afins e um enquadramento global similar, é definitivo porque vem na esteira de uma tendência mundial. A idéia dos blocos nacionais funciona porque pertence à lógica natural do *mutirão*, que é a das soluções simples, óbvias e perfeitas. Por outro lado, a *autonomia* vê-se diluída nos recursos oferecidos pela *globalização*, sinais evidentes de um novo estado de coisas, com a segurança de que certos padrões são irreversíveis, num novo equilíbrio alcançado pela geração de uma cultura universal. Verdadeira síntese, a globalização é a *apoteose do centro*, a irradiação da virtude, uma forma de cultura pós-histórica e pós-dialética, própria das civilizações áureas. O proselitismo materialista apresenta muitos problemas, mas comporta elementos que podem servir para o equilíbrio global.

Pressente-se que uma nova "moral" se impõe. Na incerteza dos tempos vindouros, e sob o impacto das expectativas dos povos e das mazelas da tecnologia, busca-se a segurança na *internalização* dos procedimentos e na concentração dos recursos. A questão religiosa está realmente por detrás de tudo. Mas os blocos emergentes seguem também a lógica histórico-geográfica, que geralmente associa-se à identidade cultural. Representando unidades históricas que olham para o passado e para o futuro, cada bloco expressa um mesocosmo que procura tanto quanto possível manifestar um todo, gerando o máximo de equilíbrio interno, ao mesmo tempo em que busca parcerias com outros blocos organizados. As empresas estão definitivamente internacionalizadas. O padrão de tecnologia é tão avançado que domina por si só os interesses globais. A economia e a técnica geram linguagens universais que indiretamente impõem um modelo de cultura. Gesta-se uma nova semiótica universal, para a qual a informática se torna um veículo particular: as vias do trânsito cibernético se tornam cada vez mais importantes, ultrapassando até mesmo as antigas rotas rodoviárias, da mesma forma como essas ultrapassaram a antiga navegação e a importância universal de seus símbolos. A linguagem humana evolui e a chegada dos novos recursos gera o seu aprimoramento.

A Construção da História

Os antigos sempre pretenderam ver estruturas matemáticas em todas as coisas – mesmo assim muitas vezes foram chamados de "pré-científicos" –, inclusive na definição da História. Hoje, a ciência começa a ensaiar passos nessa direção.

O ciclo de 500 anos, muito observado em todo o mundo, tem um importante significado, servindo inicialmente para a formação de novos elementos, e logo para a reacomodação de suas relações.

Segundo Heródoto, era chamado no Egito de "ciclo da

Fênix", denotando que a cultura está sujeita à destruição e renovação ao termo desse período. Podemos observar que, em Israel, o Templo sofria destruição e era reconstruído a cada 500 anos. O profeta Daniel, habituado aos mistérios babilônicos, atesta numa revelação especial que o Templo seria reconstruído após "setenta semanas de anos" (Dn 9, 24). Também a descoberta da América coincidiu com esse ciclo: Quetzalcóatl era aguardado porque fazia 500 anos que sua dinastia havia sido derrubada, e as profecias prometiam o seu retorno ao termo desse período.

Para isso ele pode ser dividido em duas metades de 250 anos. Assim, de 1500 a 1750, tivemos nas Américas o Período Colonial, e de 1750 a 2000 tivemos o Período Nacional.

Pode-se observar que os movimentos de Independência iniciaram na média do ciclo, começando pelos Estados Unidos em 1776, já sob inspiração republicana, embora as aspirações de independência tenham iniciado algumas décadas antes. No mesmo ano foram criados Vice-Reinos hispânicos, como o do Rio da Prata, envolvendo Argentina, Uruguai, Paraguai e Bolívia – provavelmente como medida de contenção para as aspirações libertárias. Quanto ao Brasil, apesar de ter declarado sua Independência apenas em 1.822, em 1.808 era elevado à categoria de Reino Unido com Portugal e Algarve, uma grande transformação desde a sua antiga condição colonial, ocorrida, é verdade, por razões bastante especiais.

No ciclo republicano, a Revolução Francesa ocorreu em 1789. A Argentina deu esse passo já em 1810. No Brasil ocorreu apenas em 1889, embora as tendências republicanas tenham sido precoces em certas regiões. A malograda "Revolução Farroupilha", no Rio Grande do Sul, ocorreu a partir de 1835, seguida por diversos levantes pelo Brasil.

Nesse aspecto, vale lembrar que "os últimos serão os primeiros". As etapas finais recebem praticamente prontos o maior número de elementos, podendo processá-los com maior rapidez.

Ainda assim, mesmo no Brasil a República poucas vezes funcionou democraticamente. O caudilhismo é forte na América Latina, sendo possível que a solução para isso esteja não no anti-caudilhismo, que apenas permite que seja demagogicamente disfarçado, mas assumindo o destino, os valores e as aspirações dessas sociedades, na busca do "bom caudilho". Até porque, a nobreza revelada por esses povos tem demonstrado que a justiça e a liberdade não andam longe de seus horizontes.

Este foi um ciclo completo de formação e consolidação cultural, que iremos analisar sob vários aspectos no decurso desta obra. Eis que o destino do Novo Mundo se revela, às portas do ano 2000. O quadro mundial é complexo. O homem tem acumulado vários meios de auto-destruição, e alguns deles parecem estar irreversivelmente acionados. Ao mesmo tempo, é preciso determinar caminhos em meio a esse caos e ao que virá, deixando sinais para o mundo futuro, quando uma nova humanidade dará reinício a tudo, certamente sobre bases mais sólidas.

Tudo indica que a civilização moderna está seguindo os passos da Fênix.

As Sete Perfeições

Um dos ciclos mais importantes é o de 72 anos, porque determina um *grau* do Grande Ano de Platão, servindo também como padrão para a média da existência humana.

O ciclo de 500 anos inclui 7 deles, formando um ciclo real ou de Grande Perfeição, atestado pela História e pelos profetas.

O subciclo de 50 anos (7x7) também foi muito observado por razões semelhantes, e os pré-colombianos até lhes emprestavam certo teor escatológico. Esta é, pois, a base astronômica do Jubileu de 500 anos.

A perfeição é alcançada em sucessivos graus, que podem ser vistos como diferentes etapas evolutivas. No caso do Brasil, estas sete etapas podem ser assim definidas:

I. 1500-1572. *A Criação confere o dom fundamental da existência, **unidade** que é também consciência.* É a virtude original do *Ser* ou da *Presença*. Com a descoberta do Novo Mundo a unidade planetária é praticamente alcançada (1492 para as Américas em geral, 1500 para o Brasil). Associa-se à presença humana no continente e ao encontro entre o homem nativo e o branco no Novo Mundo.

II. 1572-1644. *A* ***polaridade*** *desenvolve reflexos complementares.* Associa-se ao *Amor* que na época colonial os homens manifestaram pela terra e as formas de relações possíveis. Acirram-se as lutas entre colonizadores de diversas origens. Iniciam-se as expedições bandeirantes (1591). Chegam os religiosos (1580) e começam as missões jesuíticas (1609).

III. 1644-1716. *O* ***ternário*** *representa a perfeição das polaridades: é o filho que vem para completar o casal "horizontal", ou o equilíbrio interior que surge como resultado dos esforços de auto-transcendência "vertical".* Significa a *Beleza* que concede a Forma perfeita. Nessa etapa começou a se formar o homem brasileiro. Não existem novas invasões estrangeiras (1661), enquanto os nativos e os negros se rebelam progressivamente (1688), trazendo para o interior do país a problemática cultural.

IV. 1716-1788. *O* ***quaternário*** *coroa a Forma através do Espírito, concedendo a iluminação e transcendendo o tempo na forma da Eternidade.* Associa-se ao *Poder* pela consolidação da ordem e das leis elementares no país. É nesse período que Portugal resolve intervir nas atividades jesuíticas, sacrificando as suas tentativas utópicas e condenando os índios à perseguição (1760), e é quando se inicia a Inconfidência Mineira (1789), estando pois este grau crítico associado ao sacrifício de Tiradentes (1792), tido como o *mártir* nacional por excelência.

V. 1788-1860. *O* ***pentagrama*** *centraliza os elementos naturais dando lugar à Quintessência.* É o domínio da *Razão* sobre os instintos. Representa a *Ciência*, na época em que os sábios deram início ao estudo detalhado da natureza do país (1783) e à implantação de infra-estrutura tecnológica com as estradas de ferro (1854). O Brasil torna-se independente de Portugal (1822) e começa a pensar como nação soberana.

VI. 1860-1932. *A estrutura* ***sêxtuple*** *gera volume e preenche todo o espaço disponível.* Associa-se pois à *Liberdade.* Neste período tivemos a Lei do Ventre Livre (1871), a abolição da escravatura (1888) e é adotada a República (1889). É criado também o Serviço de Proteção ao Índio (1910).

VII. 1932-2004. *Os elementos são unificados no* ***setenário,*** *gerando o cosmos.* Esta etapa final significa *Ordem* num sentido mais amplo. A chegada da Era Vargas e do Estado Novo (1937) equilibra as relações sociais no país, durante toda a primeira metade do ciclo. Mais tarde, opor toda a outra metade, ela é substituída pela Ditadura Militar (1964), que atua como contrapeso e repõe certas relações senhoriais. Tudo isso eliminaria amplamente o carma racial gerado no processo de formação do Brasil, preparando-o para o final do ciclo maior de 500 anos (2000).

Por isso, após realizado um ciclo dessa natureza, pode-se hoje colher os frutos da Descoberta.

Capítulo 2

AS DUAS ALMAS

Duas Almas vieram originalmente povoar a América do Sul a partir da Península Ibérica: a lusitana e a espanhola.

Era chegada a hora para a grande aventura do Descobrimento, e naturalmente os países atlânticos, habituados a contemplar a imensidão do mar, se prepararam para enfrentar o grande desafio de navegá-lo.

Era o início da última grande etapa de expansão da civilização ocidental, na derradeira revoada do Espírito cristão, que empregaria para isso um homem de nome apropriado: Cristóvão Colombo, a "pomba que carrega o Cristo".

Os procedimentos iniciais mobilizaram os países ibéricos, que contavam com o inestimável apoio da Igreja para essa tarefa, especialmente a Espanha. Portugal vinha acumulando recursos e técnica, mas foi a Espanha que deu o importante aval ao navegador genovês.

O processo de Conquista foi bastante rude, pois misturava ambições materiais com fanatismo religioso. Pouco ou nenhum valor era dado aos povos nativos. Neste mundo de trevas onde a Idade Média parecia estender sua mão, a Renascença apenas vinha contrabalançar tenuamente as nódoas da Inquisição.

A descoberta do Novo Mundo dava um sentido muito especial a esta Renascença, ao menos do ponto de vista europeu.

Enquanto "aqui" apenas se padecia, "lá" se faziam planos de toda a espécie para este "Novo Mundo". Certamente houve sacrifícios por parte dos colonizadores (alguns foram até mortos e comidos pelos silvícolas), embora não raro os enviados fossem cidadãos de "segunda categoria". Mas sabemos que o genocídio apenas poderia ter acontecido de um lado. A crueldade dos astecas forneceu o grande pretexto para o massacre generalizado.

Ainda assim, é impossível ignorar a grandiosidade do Evento, a magnitude cósmica da reunificação das "duas metades da laranja", gerando a perfeita noção de globalidade – o Planeta Terra nascia ali! Já não era uma terra abismal e ignota, mas um *cosmos* com princípio e fim, e ao mesmo tempo com sua circularidade infinita ou cíclica.

Os conquistadores foram diretamente aos grandes núcleos de poder: os impérios asteca e inca. A partir disso podiam considerar-se senhores de todas as terras. Quem matava um deus ou um imperador podia ser considerado seu superior nas mentes dos simples. O conceito de transcendência e de justiça estaria assim pouco desenvolvido? Certamente uma grande renovação se fazia necessária.

Os europeus desenvolveram, nas duas Américas, processos coloniais paralelos, mantendo antigas correlações de parcerias e rivalidades. Ao Norte foi entre Inglaterra e França, e ao Sul entre Espanha e Portugal.

Nesta obra nos interessa avaliar a natureza, a evolução e o destino da América Meridional. Podemos observar nisso uma dinâmica extremamente interessante, encontrando um sentido particular para cada coisa, na construção ordenada e harmônica do cosmos racial que, tal como o cosmos físico, também é realizado sob leis severas de ordem e harmonia.

Por contar praticamente apenas com elementos lusitânicos e hispânicos em sua colonização, poderíamos denominar a América do Sul de "Nova Ibéria". Também aqui a parte lusa está "incrustada" no bloco hispano como uma jóia, ou qual um filho no ventre. No entanto, a relação também se pode dar em termos de *polaridades*. Portugal já havia revelado sua força, gerando uma política externa de grande eficácia, da qual as grandes navegações foram um dos baluartes. No Novo Mundo o espírito desbravador lusitano não foi menos determinado, empregando os territórios ultramarinos para aumentar ainda mais as riquezas do pequeno país norte-atlântico, num domínio estritamente colonial, a ponto de, por muitos séculos, manter os portos brasileiros fechados ao comércio exterior, até que uma força maior obrigou a mudança dos rumos a partir da própria Europa.

Em todos os momentos da formação da unidade continental, veremos que o mundo hispânico atende pelo aspecto *variedade* e o Brasil pelo aspecto *unidade*. Isto não significa que não haja unidade e variedade em ambos os lados. O que ocorre é uma ênfase num ou noutro sentido.

Se os Andes formam uma "coluna dorsal", com seus mistérios e um rosário de nações, o Brasil é o peito, com seu pulmão verde e um novo coração solar. Também pode ser uma mulher grávida ensolarada, cercada de 12 estrelas (nações) e sobre a lua (Mar del Plata, Argentina), como na profecia do Apocalipse 12.

Se de um lado existem 6 ou 7 países "andinos", o Brasil é tido como de essência setenária, mesclando todas as raças e culturas numa única unidade territorial.

Pode ser significativo que a costa ocidental "hispânica" ocupe cerca de 60 graus de latitude, e a costa oriental brasileira (e o próprio Brasil) se estenda por cerca de 40 graus. A fórmula 6:4 representa a correlação entre a Nova Raça-Raiz (que dá a *forma* da nova humanidade), e seu Ashram espiritual (que lhe confere a *essência*). Esta quarta emanação de Shambala configura a quarta Raça sagrada, em gestação nas Américas, uma vez que o cômputo de 6 raças-Raízes *desconta* as duas primeiras por não fazerem parte do presente ciclo de criação, mas cujo registro parcial deve ser feito (esta proporção 1/3 é muito comum nas profecias, sobretudo no Apocalipse de São João, sendo destinada aos processos de consumação).

A fórmula que reúne todo este conjunto é a do *Cubo*, com suas 6 faces quadradas. A Jerusalém celeste do Apocalipse apresenta essa forma e até números semelhantes.

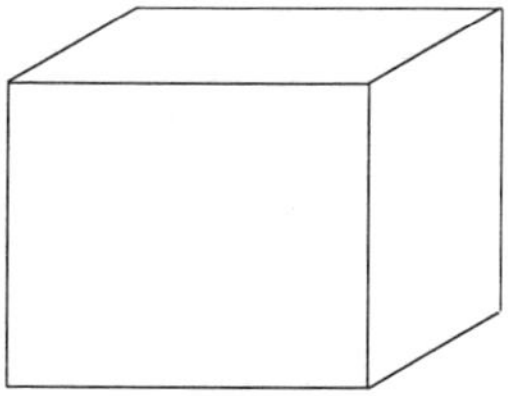

Assim, podemos dizer que o mundo hispânico do subcontinente estaria mais associado ao aspecto *formal* da Nova Raça-Raiz, conferindo elementos para isso (economia, população, cultura etc.), ao passo que o Brasil se relacionaria mais de perto à sua *essência*, caracterizada pela síntese ativa de energias (espiritualidade, hierarquia, revelação etc.). De fato, o quaternário evoca a "cidade cúbica" da Jesusalém celeste na profecia de São João, dividida em 12 setores acima e outros 12 setores abaixo. O Brasil, cuja "cruz" territorial apresenta proporções equivalentes – 40° longitude por 40° de latitude, sendo portanto um "quadrado" geográfico –, teve 12 divisões originais em sua fundação (as "Capitanias Hereditárias"), origem dos 12 estados atuais da costa leste. E a América do Sul possui hoje 12 países e colônias. A "Nova Era", de natureza setenária e que confere a *substância* do Novo Mundo, também se associa de perto ao Brasil enquanto sétima sub-raça árya.

A soma de 6 e 4 resulta em 10, que é o número do Sol e da Unidade final, da totalidade enfim (10 é também o "valor secreto" de 4: 1+2+3+4). Realmente, este padrão indica que, com os novos ciclos raciais, o presente mundo de evolução está para terminar. Aquilo que virá no futuro se acha muito distante de tudo o que até hoje temos visto e imaginado, neste nosso mundo denso e decadente. No futuro já não haverá o "peso" da matéria para servir como fator de gravidade ao ser humano. Ele enxergará o sentido de sua existência em valores mais elevados, e por isto não hesitará em se desvencilhar de apegos desnecessários para poder alçar vôos ao infinito. O que não significa, em nenhum momento, abrir mão voluntariamente do mundo ou da vida, mas viver as coisas de forma mais pura e verdadeira ou, numa palavra, com maior intensidade, beleza e integração.

O trampolim para isso se chama *Novo Mundo*. Nossa tarefa é edificá-lo em nome desse grandioso futuro.

Capítulo 3

O ENCONTRO DAS TRÊS RAÇAS

Existirá acaso uma mística especial gerada pelo encontro de culturas? Certamente existe, e isso torna-se mais compreensível num mundo em vias de união. Tal mística destina-se a gerar o novo degrau da evolução mundial.

Mas esse princípio não é novo. Quando os Reis Magos foram oferecer suas dádivas ao Cristo, vinham de todas as partes do mundo antigo para saudar o símbolo supremo de uma nova humanidade.

Vieram irmanados na busca de algo novo, porque sabiam que através dele a luz também retornaria um pouco para os antigos mundos, renovando-os, ao mesmo tempo em que trabalhariam com sua experiência em favor do novo.

Para alcançar o novo, foi preciso antes o mútuo encontro de todo o antigo, visando uma síntese preliminar. Todo o processo de renovação possui uma última e invariável etapa de evolução: o mútuo conhecimento, o contato e a síntese entre as coisas anteriores.

Assim se dá com as raças: quando o mundo necessita dar mais um passo em sua evolução e se torna necessária a formação de uma nova humanidade, dotada de virtudes superiores, é preciso não apenas eleger um novo local, mas também levar para lá a essência de todas as formações raciais anteriores. Tal fato deu-se agora nas Américas, com destaque para certas regiões, especialmente o Brasil

A afirmação racial é por isso um princípio cíclico na humanidade, válido sobretudo nos períodos de constituição ou, antes, de consolidação. O que lhe dá sentido e uma beleza especial é justamente sua novidade, sua integridade e sua universalidade.

As três raças que para cá se dirigiram foram, portanto, os orientais, os brancos e os negros. Comentemo-las uma a uma.

a. Os *Orientais*. Marcam sua presença através dos próprios indígenas, pois a maior parte dos povos autóctones veio realmente da Ásia ou do Pacífico, por meio de sucessivas ondas de migrações, nas quais encontravam inclusive seus próprios antepassados que vieram muito antes. Entre suas motivações estavam não tanto a ambição material, mas a consciência da necessidade da renovação do mundo. Junto à percepção da circularidade da História, vinha o conhecimento da circularidade da terra e a existência de outros continentes, os quais deveriam ser explorados e aculturados em nome do futuro. Com eles veio, portanto, a elevada cultura que detinham e que muitas vezes se via ameaçada de desaparecer. As lendas contavam que em cada ciclo tudo é destruído, e a única forma de preservar alguma coisa é semeando o novo, da mesma forma como se deve extrair sementes de uma árvore que morre para plantá-las novamente. De preferência, deve-se iniciar o processo antes, para que o longo período que tarda o crescimento e o amadurecimento da planta não gere um vazio desastroso. Este é o princípio básico da *cultura*, que o homem aprendeu domesticando inicialmente animais, depois plantas e, por fim, idéias. Nas Américas os orientais receberam também influências, dando lugar a estilos e idéias mais ou menos locais. Mas estes índios também sofreram muito com o processo da Conquista, o que alguns procuram "explicar" pela idéia de que se tratava realmente de raças em extinção. Muitas vezes se busca a espoliação de bens e conhecimentos, e para isso julga-se necessários a destruição e o genocídio, para que os novos possam figurar como autores ou proprietários. Foi o caso da jovem cultura ocidental em relação ao Egito e à Índia, das quais herdou tantas coisas, porém quase sem fazer referências aos autores dos mais importantes princípios. Da *espoliação*, é preciso evoluir para a idéia de *associação*, bem mais rica e legítima porque não acarreta tanta destruição. Isso também foi feito nos tempos coloniais e mesmo depois.

b. Os *Brancos*. Vieram depois dos orientais – embora se diga que os vikings tenham estado pelas Américas muito antes de Colombo. A motivação dos brancos tinha um fundo religioso, mas também fortemente econômico e até político. Fanatismo e ambição se reuniram ali, por isso foi tão devastadora e transformadora a sua presença, demonstrando que um novo ciclo da civilização teria lugar. Nesse quadro, as raças jovens deveriam contar como auxílio das mais antigas, tendo em vista a obtenção de um equilíbrio final. Quando aportaram, os europeus chegaram a ser confundidos com o retorno de Quetzalcóatl, o deus benfazejo dos pré-colombianos que também teria vindo pelas águas, provavelmente desde a Ásia. Essa expectativa não era de todo infundada, embora se tratasse apenas do início de um longo e complexo processo de síntese cultural.

c. Os *Negros*. Oriundos da África, os negros vieram no geral involutariamente, para suprir a necessária mão-de-obra, já que os brancos eram poucos e os índios muito "rebeldes". Em relação aos indígenas selváticos, estariam num grau mais avançado de civilização – alguns eram até islâmicos –, mas certamente todos foram "cristianizados" à força no decurso da viagem às Américas. O processo escravagista foi iniciado pelos portugueses por inspiração do padre Bartolomeu de las Casas, defensor dos ameríndios, mas não dos negros. Por mais complexa e dificultosa que seja a integração racial, não se pode negar o enriquecimento cultural dela obtido. Era uma necessidade histórica a fusão de todas as raças para a geração de uma nova. E que outra maneira teriam os negros para participar desse processo, senão os meios que a História providenciou? É possível que tenham ocorrido antigas migrações negras "voluntárias" para as Américas, porque existem fortes traços negróides na estatuária pré-colombiana, sobretudo no início da civilização superior das Américas (entre os Olmecas, por exemplo), relacionada inclusive a indivíduos em posições de destaque. Ainda assim, o ciclo mais recente de síntese racial exigia uma presença mais marcante e difusa, que foi obtida pelos meios necessários ou possíveis.

Por isto, a fusão, envolta em tudo o que de patético e trágico a História possa trazer, pode até apresentar contornos míticos, permitindo ver nas três raças a imagem dos três Reis Magos vindos ao Ocidente para contemplar a imagem do Deus-menino, na humilde mangedoura de um povo nascente.

Capítulo 4

SOB O SIGNO DA CRUZ

A morfologia do subcontinente é muito sugestiva. A chamada "cruz latina" (também empregada por maias e egípcios), que paira em nossos céus na forma do Cruzeiro do Sul, é considerada um símbolo "erudito, ao constituir-se por um diâmetro da circunferência e um lado do triângulo equilátero que é traçado em seguida à extremidade inferior do diâmetro idealizado. (Esta cruz constitui, por si só, toda a chave das doutrinas metafísicas do Cristianismo.)" (P.-V. Piobb, *Formulário de Alta Magia,* p. 121).

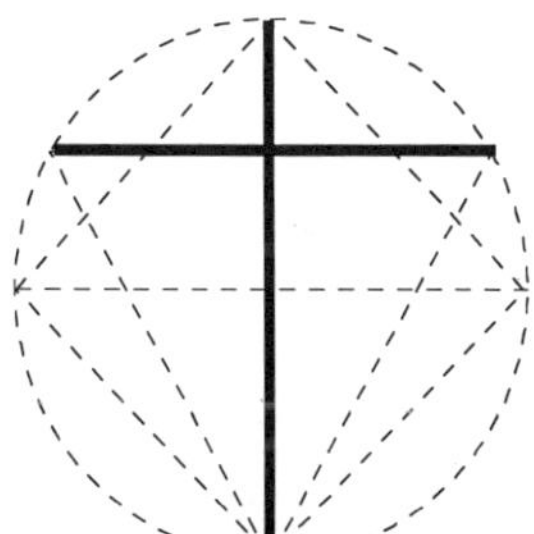

Essa integração de formas gera um especial dinamismo de energias. Por isso essa cruz é o "instrumento" para o completo processo de criação, o martelo do deus Thor, Vulcano ou Hefestos, e com o qual Zeus forja os seus raios. É o IHVH tetragramático, o Querubim e o *Farohar* persa.

Segundo o ocultista P. V. Piobb, a cruz latina com o braço inferior mais longo representa "o ternário superior (arquétipo) acionando o quaternário material".

Esse padrão é ora chamado triangular, ora dito cruciforme. Realmente a forma envolve as duas naturezas, como vemos acima. Além disso, mantém implícita a *circularidade*.

Na verdade, não é apenas o subcontinente que possui esta forma aproximada. Outras regiões-chaves e países também compartilham o padrão.

Na América do Sul existem duas grandes divisões "originais": o mundo lusitânico e o mundo hispânico, que podem ser relacionados à *tese* e *antítese* no processo formativo de nossa unidade cultural. Mas, através dessa dinâmica podemos encontrar ao sul mais duas regiões, geradas pela *síntese* das anteriores e pela *matese* das três, que são o Cone Sul e a chamada Nova Albion.

A forma dessas regiões pode ser associada a um losango e a um cone. Por vezes temos como base um triângulo equilátero, simbolizando equilíbrio, mas noutros casos ele é isóceles, representando movimento.

Na Tradição contamos com a idéia dos 4 elementos, simbolizados por triângulos. Esses elementos podem ser associados às 4 regiões-chaves do Subcontinente.

Na gravura a seguir observamos as Quatro Regiões cruciformes, culturalmente caracterizadas através dos 4 elementos. Os elementos "absolutos" representam as grandes regiões do Norte, o Brasil ("Fogo") e o mundo Andino ("Água"). Seccionando-as ao sul derivam as outras duas, relacionadas aos elementos "relativos": o Cone Sul ("Terra") e Nova Albion ("Ar"), devidamente integrados. Essa é, de certa forma, a *face* da América Latina: os olhos são os elementos Fogo e Água, o nariz é o elemento Ar e a boca é o elemento Terra.

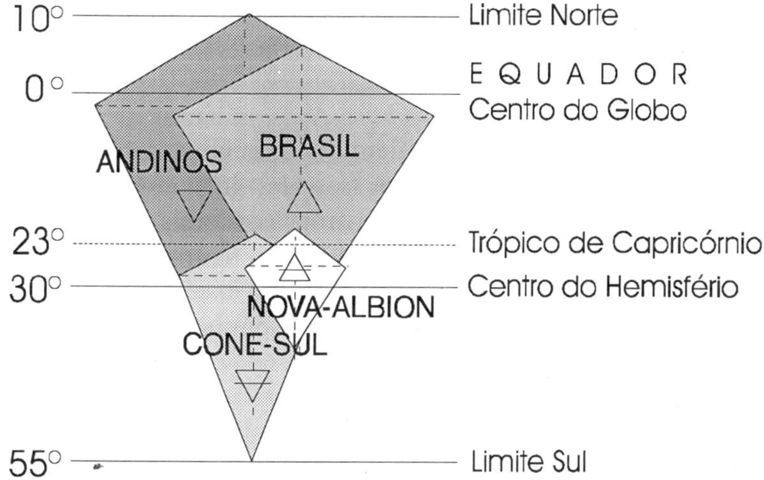

Podemos dispor essas regiões por meio das letras do Nome Divino IHVH ("Jeová"), fornecendo ao cabalista muita informação.

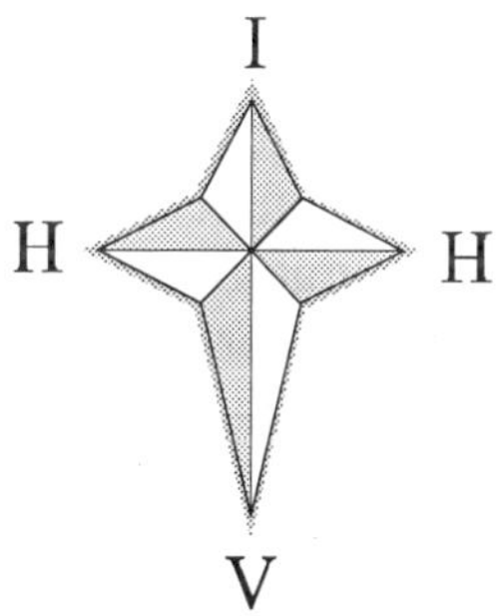

Em cada grupo encontraremos uma importante exceção ou uma parte em situação especial, afirmando a "Regra 3/4" que define a cruz latina.

Inicialmente, consideremos que os 12 países hispânicos dividem-se em três grupos quaternários, aos quais se acrescentam quatro regiões do Brasil:

a. *Grupo Norte:* Venezuela, Guiana, Suriname e Guiana Francesa;

b. *Grupo Oeste:* Colômbia, Equador, Peru e Bolívia;

c. *Grupo Sul:* Chile, Paraguai, Argentina e Uruguai;

d. *Grupo Leste:* Regiões brasileiras do Norte, Nordeste, Centro-Oeste e Leste.

1. CARIBENHOS. É o *Grupo Norte,* inteiramente situado no Hemisfério Setentrional. Além disso, as Guianas vinculam-se a países não-ibero-americanos (são eles: Inglaterra, França e Holanda). A Venezuela mantém uma economia importante, amplamente baseada no petróleo. O bloco figura por tudo isso como "área de transição", sendo o grupo-exceção no quadro geral, não recebendo elemento específico. Simboliza a integração com outros Hemisférios e Continentes.

2. ANDINOS. O *Grupo Oeste* é o dos países propriamente andinos, onde a Cordilheira forma *punas* e altiplanos que alcançam a Argentina e o Chile. Mas a Colômbia também situa-se praticamente a norte, com boa parte da costa no Mar do Caribe; de modo que sua cultura identifica-se amplamente com a dessa região. A Serra de Santa Marta recebeu até elementos superiores da cultura maia. É a partir do Equador que tem início a cultura efetivamente andina e meridional, com características superiores. Pode-se imaginar que a linha do Equador tenha representado um elemento capital de transição, "originando" princípios culturais próprios e limitando os trabalhos mais ao norte. O elemento "Água" indica o frio das montanhas, assim como as chuvas e o psiquismo tropical. Corresponde ao primeiro "H" do Nome Divino IHVH, responsável pelas energias materiais, atávicas, *tamásicas* ou mutáveis.

3. BRASIL. A grande unidade nacional nos leva a considerar *regiões* em vez de países. O Brasil está dividido politicamente em 5 regiões, mas consideramos especialmente 4 delas, excluindo o Sul, mais estreitamente integrado ao Cone Sul e à Nova Albion. São elas: Região Norte, Região Nordeste, Região Centro-Oeste e Região Leste. Com o Sul, este quadro proporcionaria por si só um *mandala* bastante satisfatório. Ainda assim, ele apenas se torna perfeito na integração continental, o que é realizado pelo duplo aspecto de Nova Albion: nacional e internacional. O elemento Fogo indica o calor e o tempera-

mento tropical. Corresponde ao segundo "H" do Nome Divino, responsável pelas energias místicas, progressivas, *rajásicas* ou cardeais.

4. CONE SUL. Politicamente formado pelo *Grupo Sul* de países hispânicos do subcontinente, mais o Brasil. Mas, de uma forma mais rigorosa, as regiões centrais e setentrionais do Brasil integram áreas culturais peculiares, assim como o sul da Argentina e do Chile uma região à parte: a Patagônia. A extensão completa do Cone Sul é considerada como periferia de Nova Albion. O Chile não entrou ainda no Mercosul, e o Cone Sul místico o vê como área "alternativa". O elemento "Terra" representa pragmatismo e telurismo, até porque o fundo comercial é importante nesse quadro. Com sua forma de cunha, até morfologicamente a Patagônia é como o "V" do Nome Sagrado, com sua função equilibrante e *pendular*. É como o "pé" da cruz latina, pois, apesar de completar a "cabeça", acha-se em condições peculiares, responsável antes pelo equilíbrio norte-sul ou hierárquico, do que pelas polaridades horizontais, o qual será completado pela região central, a Pampeana, ou *Nova Albion*.

Esses três grupos integram o nome da Criação, EVA. Com eles alcançamos o número *zodiacal* 12 (8 nações + 4 regiões), tirada a "exceção" relativa do Bloco Norte, com o qual teríamos as 16 unidades *mandálicas* que oportunamente completarão o quadro. As figuras abaixo representam ambas as situações:

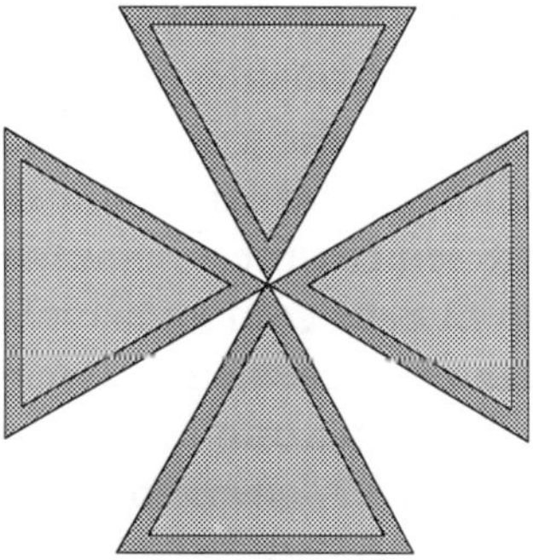

Todos esses grupos destinam-se a formar blocos organizados, cuja integração final dinamiza o grande centro de síntese, conforme o que segue, que é, de certa forma, "apenas" a *apoteose* central do sub-continente/hemisfério.

5. NOVA ALBION. Representa, de certo modo, um *território interior*. "Nova Abion" é o Cone Sul *místico*, obedecendo a lógica geográfica e valorizando a unidade cultural. Considera especialmente a área que vai do Trópico de Capricórnio ao paralelo 35, centralizados pelo centro hemisférico (paralelo 30). Esses 12 graus são tidos como sagrados e destinados a centralizar e a desenvolver a nova civilização de luz. É, portanto, o território *verdadeiro* de Nova Albion, também denominado "O Jardim do Sol". Nesse item temos um duplo aspecto: a integração das Quatro Fronteiras internacionais e a Região Sul do Brasil – dois fatores interligados. A Região Sul apresenta um intenso tráfego cultural e humano com os vizinhos hispânicos, numa região de fronteiras muito próximas. Até poucas décadas atrás a Região Sul era formada por 4 Estados: São Paulo, Paraná, Santa Catarina e Rio Grande do Sul. São Paulo foi retirado porque a maior parte do estado situa-se acima do Trópico, além de não possuir fronteiras internacionais. Permaneceram 3 estados, sendo o Rio Grande do Sul o ponto onde o caldeamento racial – sobretudo *neo-ibérico* – alcançou o mais alto grau, encontrando-se portanto no próprio coração do Cone Sul e do Mercosul. Essa região interior inclui tanto setores de países como nações inteiras, abrangendo quatro partes: um setor da Argentina, parte do Brasil, parte do Paraguai e o Uruguai inteiro. A inserção completa do Uruguai tem um dupla causa: o pequeno país não apenas se enquadra inteiramente nessa região cultural, como também recebeu forte influência portuguesa em seu processo de formação e consolidação, tornando-se por isso uma área de síntese por excelência, semelhante à realizada no estado do Rio Grande do Sul. Se o Brasil é como a Távola Redonda em torno da qual se debruçam os 12 cavaleiros, o Rio Grande do Sul é como o rei Arthur sentado no trono e disposto simbolicamente no centro pelo Santo Graal. O "cavaleiro amado" Galahad é o Uruguai.

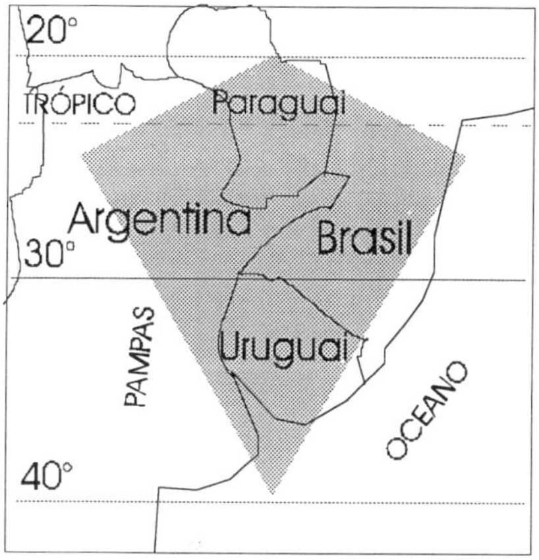

Essa região ocupa portanto a área de contato hispânico-brasileiro mais intenso. Seus símbolos são a araucária, os pampas e, acima de tudo, o chimarrão (ver adiante Capítulo sobre simbolismo). Apesar de incluir esses símbolos em suas fronteiras, permanece à margem dos grandes Centros (como São Paulo, Rio de Janeiro e Buenos Aires), considerados fontes importantes de recursos humanos, técnicos e financeiros, mas também tidos como humanamente opressivos.

O elemento "Ar" representa intelectualidade e dinamismo. Em certo sentido, Nova Albion é o aspecto cultural superior do Cone Sul. Por outro lado, numa divisão em 5 regiões, esse núcleo expressa a própria Quintessência. E na medida em que substitui o Grupo Norte do mundo hispânico, forma uma 13ª unidade, que é a posição numérica *crística* – ou seja: através e em torno dela se organizará o *mandala* final do Subcontinente, após realizada a integração zodiacal elementar. A dinamização desse Centro supremo se dará de forma paralela à integração interna de todos os restantes, e deles entre si. Como esse centro surgirá no final da integração das regiões sul-americanas, pode-se dizer que, de sua emergência final, incluído o reconhecimento da Capital sub-continental, dependerá a projeção internacional do subcontinente. De certa maneira, também a sua forma evoca a letra "I" do Nome Divino, o Logos sagrado, assim como seu valor 10.

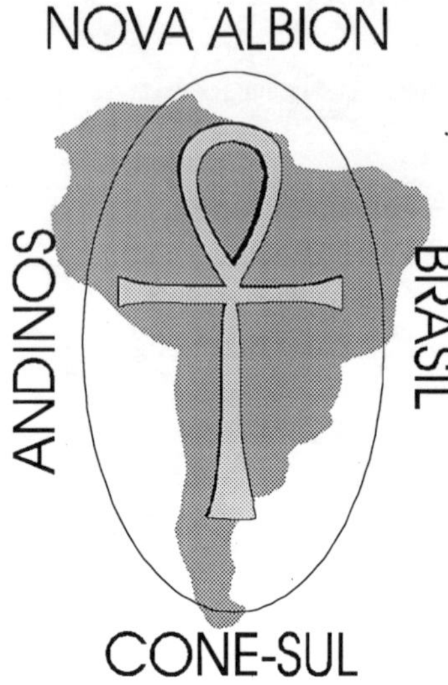

Na imagem acima encontramos todo esse processo representado pela Cruz Ansata egípcia, onde o braço superior da cruz (no qual situa-se a cabeça do Cristo), acha-se representado pelo círculo que simboliza a Totalidade. É o mesmo decimal-solar resultante da soma 6+4.

No Capítulo seguinte vamos aprofundar ainda mais esse quadro de imensa integração e potencialidade, por meio do *mandala* das Cinco Regiões.

CAPÍTULO 5

AS CINCO REGIÕES

Podemos encontrar dois grandes agrupamentos *quíntuples* na América do Sul. De um lado, as cinco Regiões políticas do Brasil, e de outro, as cinco grandes Regiões culturais que podem ser perfeitamente identificadas no Subcontinente: *Andina* a oeste, *Amazônica* a norte, *Brasileira* a leste, *Patagônica* a sul, e uma quinta, central, que se pode definir como *Pampeana*.

As Cinco Regiões Brasileiras

Por sua diversidade cultural e climática, representam unidades cosmológicas dentro de um Todo harmônico e completo. Por isso elas são representadas com *símbolos elementais*, a saber:

1. Região Nordeste .... *Elemento Terra*
2. Região Norte .... *Elemento Água*
3. Região Centro-Oeste .... *Elemento Ar*
4. Região Sul .... *Elemento Fogo*

5. Região Leste .... *Quintessência*

Sendo a Região Leste a *central* no território brasileiro, ela recebe o máximo de influências daquelas que a cercam, pontificando como a *quintessência nacional*. Ainda assim, esses enfoques elementais são *psicológicos* e devem ser combinados aos elementos que regem a formação *física* dessas regiões, tal como apresentamos na seqüência.

Como as regiões brasileiras estão integradas às continentais, nos limitamos a apresentar a *forma* matemática que regula as suas relações com os demais países do Subcontinente. De fato, essas regiões possuem características semelhantes às divisões que deram origem às outras nações sul-americanas, na medida em que estas muitas vezes formaram-se em decorrência de acidentes naturais e padrões culturais. Assim, tais regiões são como "países" dentro do Brasil, ou inversamente, os países que as cercam seriam também como regiões dentro da grande "nação" hispânica da América do Sul. Outrossim, a ordem cósmica requer que o bloco brasileiro esteja politicamente unido e que o bloco hispânico esteja politicamente dividido.

A forma que une essas duas realidades é a do *dodecaedro*, o sólido com 12 faces pentagonais.

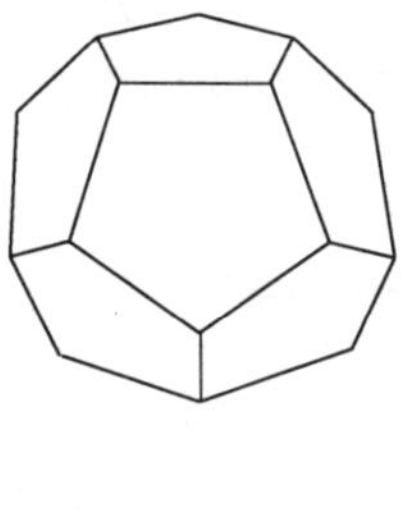

O dodecaedro era considerado por Platão como a suma matemática dos mistérios. As suas 12 faces aludem aqui às 12 nações que cercam o Brasil, e a face pentagonal aponta para as 5 regiões do Brasil, reunidas numa única "peça" política.

Essa unidade representa uma força dinâmica que opera transformações no quadro geral do Subcontinente. Naturalmente ela polariza com o conjunto das 12 nações "satélites", se podemos dizer assim, inclusive na proporção 1:2, tal como os 7 planetas e os 12 signos, ou mesmo os 5 planetas *reais* e os 10 signos *reais*. Vale observar que existem dois países não-latinos na América do Sul, e outros dois que não fazem fronteira com o Brasil.

Mas o pentagrama brasileiro também se combina com as cinco divisões dos Andes, integrando os países hispânicos. A associação entre os cinco elementos cósmicos e os vários setores da coluna vertebral é tradicional.

Além disso, devemos tratar de uma outra divisão global, a das Cinco Grandes Regiões do Subcontinente.

As Cinco Regiões Subcontinentais

Comentemos agora as características dessas cinco grandes Regiões Sul-americanas.

1. *Região Andina*. Esta majestosa oferta da Terra é a região mais antiga do Novo Mundo, e também onde se deram os primeiros contatos com os europeus, no século XVI. Havia ali um elevado padrão cultural, surpreendente até mesmo para os europeus. As ruínas e até as construções mais recentes encontradas lembravam as obras ciclópicas dos antigos povos europeus e asiáticos. Esse mundo estava em decadência à época da Conquista, mas também poderia estar preparando um novo ciclo civilizatório, que nesse caso recebeu uma importante interferência externa, gerando um plano bem distinto e maior. De qualquer forma, e apesar do grau de destruição havido, os atrativos dos Andes serão sempre muito elevados, seja por seus aspectos culturais, comerciais ou ecológicos. Muitos costumes e tradições – entre elas o calendário, a culinária, as artes, o vestuário e até a mitologia e a religião – poderão ser amplamente resgatados e reutilizados, difundidos pelo Subcontinente e até pelo mundo.

2. *Região Amazônica*. Filha das águas equatoriais, é também uma região conhecida desde muito cedo, embora a selva em si

jamais tenha entregue todos os seus mistérios, representando ainda um grande desafio que apenas aos poucos o homem aprende a dominar. A Amazônia representa basicamente algo a conservar, utilizar adequadamente e respeitar. É um grande banco ecológico e uma reserva biológica sem igual, fonte única de vitalidade e da qual depende o equilíbrio de quase todo o ecossistema brasileiro e até mundial, segundo alguns especialistas. A Amazônia inclui territórios de oito países da América do Sul, incluindo as Guianas. Possui escassa densidade populacional e uma cultura primitiva. Está bastante integrada ao Nordeste brasileiro, até porque os nordestinos foram levados em massa para povoar a Grande Floresta. Mesmo geograficamente não se pode desvincular as duas regiões, completando-se mutuamente, apesar das diferenças que apresentam. Como mostra a palavra "Nordeste", a região apresenta uma parte na face leste do país brasileiro.

3. *Região Brasileira.* A colonização portuguesa inciou cedo, com a divisão do território brasileiro em Capitanias. Mas esta região alcançou sua verdadeira vocação mais tarde, com a emancipação da colônia no século XVIII. Caracteriza o Brasil tropical-equatorial, com seu grande desnível de desenvolvimento. O Nordeste, tendo como patrono o elemento fogo, que mantém o sertão, permanece como uma área a ser desenvolvida na medida das possibilidades, é um grande desafio a ser enfrentado pelos futuros governantes do Estado Geral Sul-Americano. Trata-se de uma daquelas regiões da terra que merecem uma atenção especial, inicialmente visando sua recuperação geológica. De qualquer modo, é um grande exportador de cultura para o resto do Brasil, de qualidade naturalmente tropical. Já a Região Leste do Brasil é extremamente desenvolvida, apesar de contar com os tradicionais desníveis internos de um país em desenvolvimento. Essa área apresenta, no entanto, um caráter bastante *central*, integrada aos processos continentais mais avançados e servindo-lhes como referência permanente.

4. *Região Patagônica.* Formada pela erosão andina, essa região meridional abriga a cultura patagônica, uma das mais rudimen-

tares, apresentando especial vocação para o turismo ecológico, sob o clima das montanhas e dos oceanos que a cercam. Desse modo, a Patagônia, em si, lembra um pouco a Amazônia, embora tenha ainda menos população e cultura local. É verdade que certos costumes pampeanos são oriundos dos índios patagãos. Até por isso seria preciso considerar a região integrada aos Pampas argentinos para poder considerá-la mais integralmente, juntamente àquela parte da cultura pampeana mais primitiva. E, apesar de politicamente unida ao Cone Sul, não se pode considerar a Patagônia como área de equilíbrio climático. Na Terra do Fogo, os dias e as noites apresentam uma grande dissimetria, especialmente no inverno e no verão, quando noites e dias podem durar até 19 horas. Os habitantes deste verdadeiro *cócix* da espinha dorsal do continente mal vêem o sol ou as estrelas nessas épocas do ano.

5. *Região Pampeana.* Essa região central formou-se sob a economia dos ventos, abarcando áreas desde o centro da Argentina e do Chile, até o Chaco paraguaio ou o Pantanal matogrossense, estendendo-se a todo o Centro-Oeste brasileiro. É a região de tradição vaqueira e cavalheiresca, elementos já tradicionais de cultura superior em várias partes do mundo (ver sobre simbolismo, adiante). A cultura pampeana "pura" permanece híbrida porque é excessivamente rústica. É ao fundir-se com a modernidade e ao receber a influência de outras regiões que ela adquire a nobreza verificada, por exemplo, no sul do Brasil. É a região mais jovem, pois a formação de seus povos, assim como a consolidação de suas fronteiras, deram-se por último. Ainda assim é como uma "criança-prodígio", obtida pelo avanço e equilíbrio cultural. Por ser uma região central, apresentando as condições climáticas mais variadas e os recursos geológicos mais favoráveis, recebe as influências das regiões "periféricas". Nela se realiza inclusive o importante caldeamento da herança espanhola com a herança lusitana. Por seu caráter central, a nova grande região da América do Sul está aberta a assimilar costumes e tradições provenientes de todas as demais regiões do Subcontinente, que podem ser agrupadas em número de quatro, simbolizadas pela constelação do Cruzeiro do Sul.

Também se pode dividir essa região central entre parte hispânica e parte lusitânica. E tudo isso pode ser enquadrado na forma do cubo desdobrado:

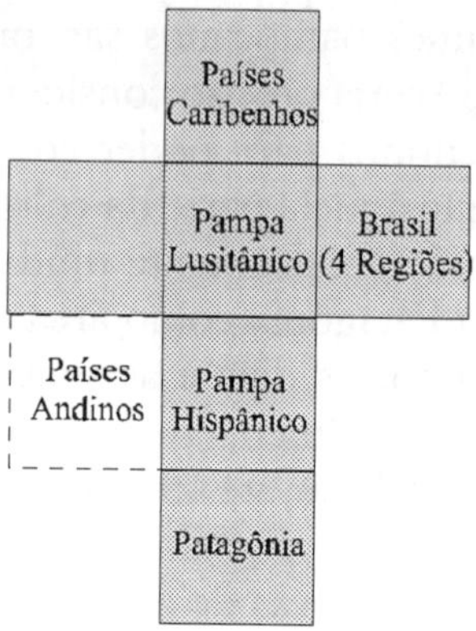

Os dois quadrados centrais são elos para o conjunto, com maior ênfase para o panorama lusitânico, apesar do óbvio parentesco entre todos os focos hispânicos, gerando a tendência de rebaixar um dos braços da cruz, conforme se observa em certos símbolos cruciformes.

Assim, apesar de estarmos focalizando o Cone Sul, trata-se na verdade de uma abordagem *centralizante* e *globalizante*, cuja natureza "meridional" e algo oriental deve-se meramente às condições histórico-geográficas do Subcontinente, inclusive seu formato de *cruz latina*, misto de quadrado e de triângulo.

Existem nesse quadro alguns territórios especiais. Condições geológicas particulares podem gerar focos culturais distintos, da mesma forma que as áreas geológicas e climáticas de transição proporcionam também recursos especiais para a síntese, configurando setores capazes de estabelecer contatos diretos com núcelos centrais. Caberia destacar entre eles o estado de Minas Gerais, que representa um importante foco cultural, também exportador e com muita receptividade no cenário continental e até mundial. Possui uma forte cultura telúrica em função das montanhas, aproximando-se, por isso, mais do espírito andino, razão pela qual seus artistas possuem um vívido sentido de integração continental. Manifestando uma sólida religiosidade, o estilo artístico do barroco brasileiro teve ali seu apogeu. De certo modo, divide com Goiás a geo-centralidade nacional.

O Cruzeiro do Sul

A Constelação do Cruzeiro do Sul é uma das formações mais conhecidas do céu meridional, tendo sempre servido de referência aos viajantes. Foi batizada pela comitiva de Cabral em sua chegada ao Brasil.

A imagem do Cruzeiro do Sul está presente na heráldica de muitos países desse Hemisfério. No Brasil, ostenta-a o escudo republicano e nomeia sua Ordem militar mais importante.

É uma constelação circumpolar, situada "sobre" a Via Láctea e o Círculo Polar Antártico-Celeste, num ponto em que ambas as esferas se tangem, reforçando a imagem em forma de cruz que apresenta, ao sinalizar o encontro meridional entre as duas importante "rotas" cósmicas.

Seus braços são formados por quatro estrelas de primeira grandeza. Catalogada por Ptolomeu, o Cruzeiro do Sul é um excelente relógio, pois a linha formada por suas estrelas *Alfa* e *Gama* (seu braço mais extenso) giram em torno do pólo em aproximadamente 24 horas.

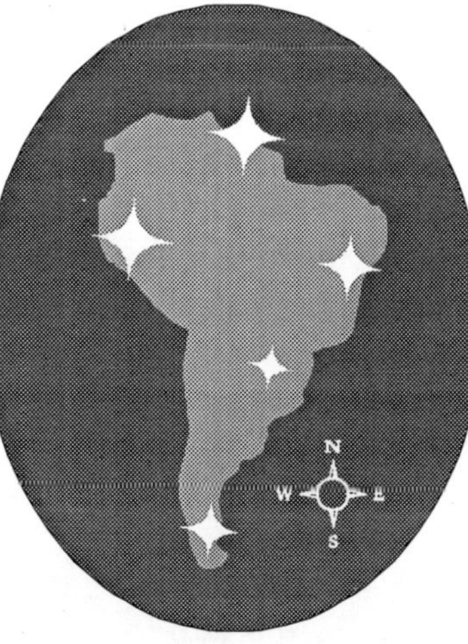

Esse braço mais extenso serve também para identificar o Pólo Sul, situado a uma distância de 3,5 vezes a longitude da própria Constelação. Pode-se lembrar aqui a importância da cifra 3,5 no yoga e nas profecias. A serpente mística *kundalini* dá 3,5 voltas até culminar no *chakra* frontal, e o Templo (Cristo) tardaria 3,5 "dias" para ficar pronto (cf. Apocalipse 11), tal como Jesus permaneceu 3,5 dias sob a terra após sua crucificação.

O Cruzeiro do Sul, por seu aspecto cruciforme, é o símbolo celeste natural do novo dharma, da nova Roda mundial e do novo mandala cósmico. O novo ciclo de civilizações vinculase de forma especial às Américas, sobretudo ao Hemisfério Sul. No desenho da página anterior, encontramos a sobreposição das cinco estrelas da Constelação do Cruzeiro do Sul no mapa da América Meridional, destacando as suas cinco grandes regiões e seus Centros (duplos): Região Andina (Lima/La Paz) a Oeste; Região Amazônica (Caracas/Bogotá) a Norte; Região Atlântica (São Paulo/Rio de Janeiro) a Oeste; Região Patagônica (Buenos Aires/Santiago) a Sul; e Região Pampeana (Porto Alegre/Montevidéo) ao centro. Cabe observar que mesmo a posição da cruz concorda com esta realidade geográfica, onde o braço mais extenso aponta para o Pólo Sul.

Capítulo 6

A ESPACIALIDADE CONTINENTAL

Na abordagem do espaço subcontinental, apresenta uma função primordial a "coluna vertebral" andina como estrutura histórico-geográfica original, emoldurando processos culturais e gerando polarizações com o aspecto de unificação que representa o coeso elemento lusitânico.

Os Andes – "Coluna Vertebral" do Subcontinente

Os Andes representam um dos sistemas de montanhas mais espetaculares da Terra. É a mais longa cadeia contínua de montanhas, estendendo-se por 7.200 quilômetros de Norte a Sul na costa oeste da América Meridional.

A palavra *andes* pode significar distintas coisas. No distrito de Cajamarca significa "lugar por onde sai o Sol". Também se considera uma corruptela da *anta*, outra palavra com dois significados: a anta, o maior animal da América do Sul, e o cobre, metal amarelo-avermelhado – cor que sempre se pretende para a raça ameríndia.

A Cordilheira é pontuada por uma série de elevadas montanhas e vulcões, muitos com neves eternas e microclimas próprios. O sistema de vulcões constitui a mais extensa e elevada cadeia existente, conhecida como "anel de fogo", com mais de 40 deles em atividade. Muitos destes picos (mais de 30) ultrapassam os 6.000 metros, e alguns se aproximam dos 7.000 metros. Apenas os Himalayas lhe excedem em altura, com vários cumes acima de 8.000 metros (culminando no Chomolungma ou Everest, com 8.882 metros). Na América do Sul existe mais de uma vintena de picos mais altos que o principal da América do Norte, o Monte McKinley, com 6.200 m.

A fabulosa extensão e altitude da Cordilheira acarreta importantes conseqüências no clima continental, ao interceptar os ventos que vêm de leste e oeste. Tal como a barreira dos Himalayas gera as monções ao Sul e os desertos do Tibet (inclusive o Gobi) ao Norte, os Andes do Norte ocasionam a precipitação massiva das chuvas que encharcam a Amazônia. Ao Sul também barra os ventos do oeste, resultando áreas desérticas (Atacama, no Chile) ou semi-desérticas (costa peruana, costa norte chilena e Patagônia argentina), o que também ocorre no Altiplano.

Os processos que formaram ambas as Cordilheiras foram distintos, por isso os Himalayas não apresentam vulcões. O andino gerou uma compensação subterrânea no Oceano Pacífico, onde também se encontram fossas com profundidade semelhante, em números absolutos, à altura do Altiplano, onde se acha o mais importante sistema de picos e vulcões, na cordilheira dupla.

Os Andes dividem-se em três grandes segmentos com características próprias, repartidas praticamente pelas linhas do Equador e dos Trópicos. Analisamos abaixo os três setores da Cordilheira, para em seguida comentar a rica simbologia que comportam.

a. *Andes Setentrionais*: "Nordeste-Sudoeste" (Colômbia e Equador)

Inicia-se como três cadeias divergentes na Colômbia, com a Cordilheira Ocidental, a Cordilheira Oriental e a Cordilheira

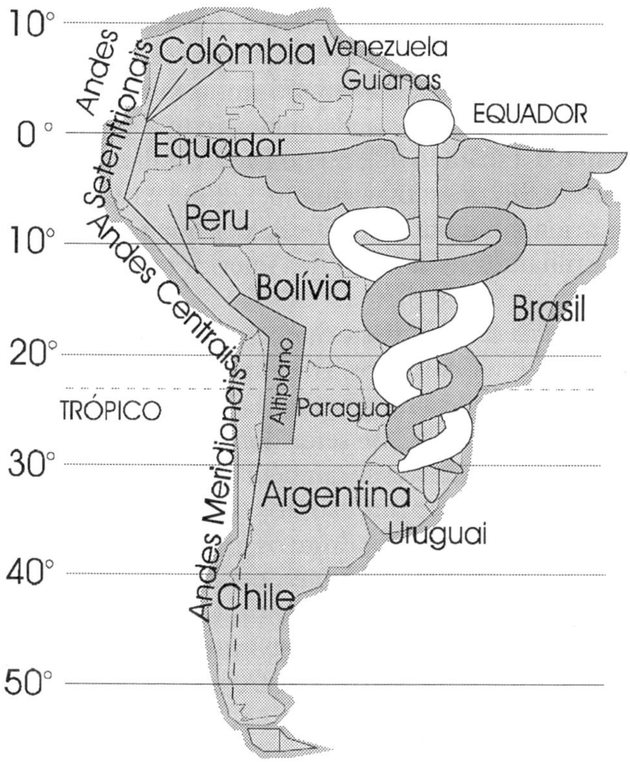

Central coroada pelo vulcão Tolima (5.215 m). Logo limitam-se a duas para se fundirem numa só ampla cadeia no Equador, culminando nos vulcões Cotopaxi (5.910 m) e Chimborazo (6.267 m). Também se destacam as montanhas colombianas de Ruiz (6.399 m) e, na serra de Santa Marta, o pico Cristóvão Colombo (5.775 m).

b. *Andes Centrais*: Noroeste-Sudeste (Peru) e Norte-Sul (Bolívia)

Iniciam-se logo abaixo da linha do Equador, onde ressurge a dupla cordilheira (a oriental chama-se Cordilheira Branca), com altas montanhas como o Huascarán (6.768 m). As Cordilheiras abrem-se no sul do Peru, dando lugar à Puna ou ao Altiplano, com elevadíssimos vulcões e montanhas, assim como o mais alto lago navegável do mundo, o Titicaca. O pico do

Ancohuma, na Bolívia, com 7.014 m, rivaliza com o "supremo" Aconcágua, do setor sul. Destacam-se também o Yerupajá (6.632 m), o Sargantay (6.875 m), o Pumasilo (6.246 m), o Coropuna (6.613 m), o Palomani (6.000 m), o Tutupaca (5.806 m) e o Tacora (5.982 m) no Peru, e o Illampu (6.550 m), o Illimani (6.882 m) e o Sajama (6.520 m) na Bolívia. Apesar de mais árida, foi nesta parte dos Andes que se desenvolveram as mais brilhantes civilizações da América meridional.

c. *Andes Meridional*: "Nordeste-Sudoeste" (Chile e Argentina)

Iniciando-se na linha dos Trópicos, é a parte mais estreita, com uma única cadeia de montanhas, num prolongamento da Cordilheira Ocidental. Esse setor domina o Deserto de Atacama, no Chile. Caracteriza-se também pela presença de grandes vulcões, destacando-se um extinto, o Aconcágua, o *Cume das Américas,* com seus 7.021 m. Entre os grandes picos encontram-se também o Tocorpuri (6.755 m), o Chani (6.200 m), o Acay (5.950 m), o Llullaillaco (6.723 m), o Cachi (6.720 m), o Piti (6.050 m), o Ojos del Salado (6.863 m), o Pissis (6.779 m), o Bonete (6.877 m), o Mercedário (6.770 m), o Tupungato (6.800 m) e o São José (5.830 m). Os cumes de 6.000 metros terminam em torno do grau 33. A grande maioria desses picos situa-se em plena fronteira entre Chile e Argentina, com alguns mais em território argentino, inclusive o *Puna*, razão pela qual este setor da Cordilheira se relaciona melhor ao país oriental. No paralelo 40, próximo ao Lago Nahuel Huapí, iniciam-se os Andes Patagônicos, ostentando um rosário de vulcões e picos que raramente ascendem a mais de 3.000 metros, descaracterizando os Andes dessa região como a suprema elevação continental (o Pico da Neblina que culmina o Brasil tem 3.014 m). Esse setor da Cordilheira relaciona-se melhor ao Chile, onde fica a maior parte dos picos existentes.

A Formação dos Andes

Os Andes foram formados inicialmente pela elevação das placas tectônicas, pelo movimento do bloco brasileiro em direção ao Oeste (o atual Planalto Central, a *Ilha Brasilis* que navegava pelo Grande Oceano, ou ainda a Antiga Atlântida), inclusive chocando placas distintas que ocasionaram os seus tantos vulcões.

Depois, sob o impacto das intempéries, os sedimentos foram se acomodando, dando lugar a planaltos (Altiplano Boliviano, Punas do Peru e Argentina) e planícies de altitude (Patagônia), entupindo também as fossas costeiras em certas regiões, especialmente no sul do Chile.

Ali onde os ventos e as águas foram retidos, mantiveram-se grandes fossas oceânicas, como no Peru e no norte do Chile.

O quadro a seguir explicita a formação geológica dos vários sistemas andinos:

A GEOLOGIA DOS ANDES

1. Cordilheira Tripla
Andes Setentrionais (Colômbia)
Média erosão montanhosa gerando vales de altitude sob ação pluvial.

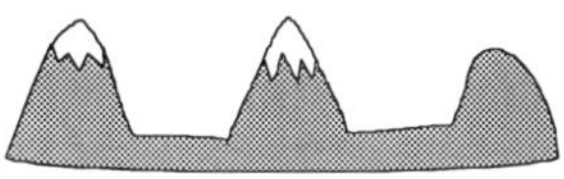

2. Cordilheira Dupla
Andes Centrais (Peru)
Média erosão montanhosa gerando vales profundos sob ação pluvial.

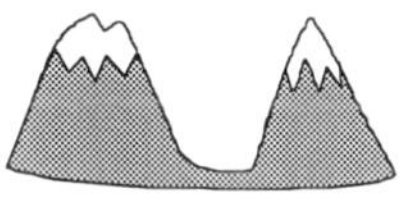

3. Cordilheira Dupla
Andes Centrais (Bolívia)
Baixa erosão montanhosa com alta retenção sedimentar entre as cadeias, gerando planaltos (Altiplano) e mantendo fossas oceânicas.

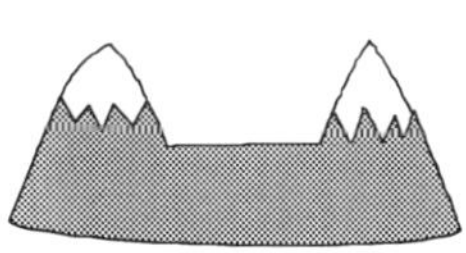

4. Cordilheiras Dupla e Simples
Andes Meridionais (Chile-Argentina)
Média erosão montanhosa com retenção sedimentar gerando planaltos (Punas) e desertos de altitude (Atacama) sob a retenção de ventos.

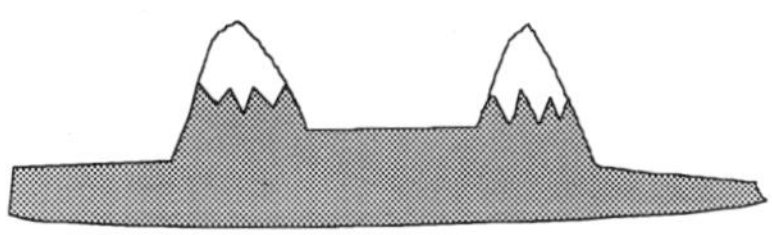

5. Cordilheira Simples
Andes Patagônicos (Chile-Argentina)
Alta erosão montanhosa sob o impacto de chuvas e ventos antárticos, tapando fossas costeiras e gerando o Planalto da Patagônia.

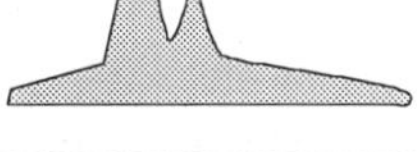

A seguir comentaremos outros elementos dos Andes, juntamente aos aspectos místicos e simbólicos que derivam da sua morfologia e posições, dando ênfase para aquele que tem sido considerado o "Cume do Ocidente", o Aconcágua, especialmente importante pela rica simbologia que oferece.

A Mística da Grande Cordilheira

Distribuída ao longo de todo o Hemisfério Sul, e ainda com partes ao Norte, contando já com um processo completo de constituição racial própria, a geografia sociocultural física e mística do Subcontinente é muito expressiva.

Podemos servir-nos fartamente de seus elementos geopolíticos para configurar uma simbologia sagrada, necessária à estruturação da nova Civilização de luz predestinada à região.

Digamos, inicialmente, que na presente ronda todos os principais processos evolutivos estão relacionados ao símbolo da *cruz*.

A cruz representa o encontro de polaridades e a síntese de dualidades. O braço horizontal refere-se à dualidade *polarizada* masculino-feminina, e o braço vertical à dualidade *hierárquica* inferior-superior.

Como esse duplo processo deve ser feito a um só tempo, a cruz serve na realidade como base para processos *transversais* de evolução.

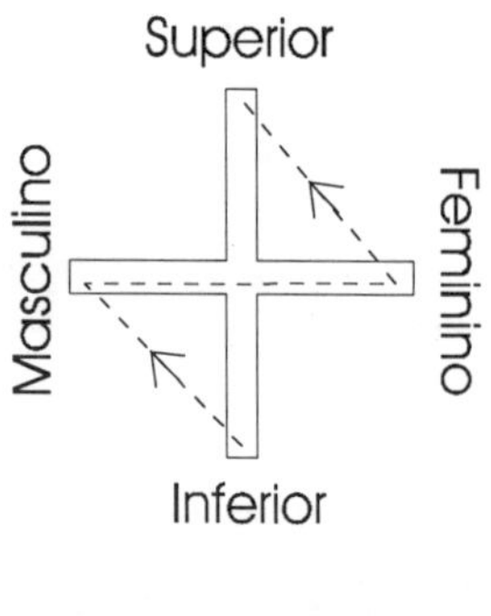

Além disto, ele se dá de forma *ambivalente*, ou seja, nas duas direções ou reciprocamente, o que se relaciona à unidade espaço-temporal e ao padrão *espiral* da evolução cósmica. Desse modo, deve-se imaginar o circuito de forma *espelhada*, ascendendo sempre nos dois sentidos. Trata-se, assim, do duplo "zigzag" presente na simbologia da evolução cósmica, o que nos apresenta seis movimentos, encerrando as pontas da cruz num quadrado, e também centralizando e coroando-o numa sétima etapa, suprema e absoluta. Esses "Z", raio ou serpente, são ativados pela Cruz Latina já analisada (ver Capítulo 4), que sugere a morfologia geral do Subcontinente.

A Estrutura Hierárquica: *Espaço*

Para iniciar trataremos do eixo vertical-hierárquico sul-americano, que se acha fisicamente estruturado pelos Andes, comumente comparado a uma "espinha dorsal do continente" – algo que possui muito mais significado do que se imagina. A analogia é tão precisa que poderíamos eleger 33 cumes com alturas acima de 6.000 metros, distribuídos ao longo de suas três grandes divisões, para representar as vértebras da coluna dorsal humana em suas três partes principais.

Esse símbolo relaciona-se basicamente à formação e à consolidação do *espaço racial*, através da evolução *latitudinal*.

A posição dos Andes é, em termos gerais, latitudinal, oposta portanto à dos Himalayas, que é longitudinal – ou seja: tudo como as próprias disposições dos Continentes que os abrigam e aos quais servem como "anteparo". Numa analogia, no sentido *material* a cultura ocidental é positiva e a oriental negativa, embora *espiritualmente* a situação se inverta.

Geralmente se descrevem os Andes iniciando ao Norte e terminando ao sul. Isso se explica, por exemplo, pela formação das cadeias andinas, cujos *nós* são como flechas apontando para o sul, como se as energias formadoras da Cordilheira se *comprimissem* nessa direção, seguindo uma tendência polar-centrípeta.

Assim, a sua parte superior estaria próximo ao Mar das Caraibas e sua base na Terra do Fogo, e que até por assim se chamar tem sido equiparada à residência de *Kundalini*, o fogo psíquico latente que reside na base da coluna, segundo a filosofia yugue. Haveria porém de se considerar que, em Geografia Sagrada, a zona quente é sempre comparada à base da coluna, e a zona fria ao cérebro, e não o oposto, como ocorreria nesse caso: o Equador é um centro básico para ambos os pólos (ver *Astrologia da Personalidade*, de Dane Rudhyar). Além disso, o fato de a *verticalização* da Cordilheira dar-se na direção sul, também pode sugerir outra abordagem. Finalmente, existe o processo histórico de *contato* com a Cordilheira, que se iniciou na Colômbia e terminou na Argentina, sugerindo um *descenso de energias*, especialmente físicas ou materiais. Nesse aspecto, cabe observar que a evolução material sempre se inicia num pólo, e a espiritual no outro.

Feitas essas ressalvas, podemos considerar a abordagem relativamente válida, inclusive pelas razões que exporemos a seguir.

As Montanhas do Demiurgo

Como a própria coluna vertebral humana, a Grande Cordilheira também divide-se em três partes principais, num verdadeiro "zig-zag" sob a clássica forma de *raio* (embora apenas a parte central seja realmente *transversa*) ou da letra Z, ambos símbolos de Zeus (Júpiter), que é o regente da Nova Raça-Raiz, a qual vem se desenvolvendo nas Américas. Podemos, a partir disso, procurar associar os Andes a Ótris, as montanhas dos Titãs, segunda geração de deuses, e os Himalayas ao Olimpo, as montanhas dos deuses originais. Correspondem à Hierarquia e à Shambala, respectivamente. Por isso a primeira manifestação externa de Shambala deu-se na América do Sul (cf. Alice A. Bailey em *Tratado Sobre Magia Branca*). Essa divisão corresponde à ordem cósmica implantada nas polaridades planetárias de Ocidente/Oriente. Zeus é o grande filho de Saturno (Cronos), e as letras iniciais de ambos são S e Z, como "serpentes" em direções opostas.

As três grandes divisões possuem um número decrescente

de cadeias, de Norte a Sul, iniciando-se nos Andes Setentrionais com três cadeias, reunidas em duas nos Andes Centrais, para finalmente tornar-se apenas uma nos Andes Meridionais. Segundo alguns autores, são quatro logo no começo, porque a rigor as Cordilheiras da Venezuela fazem parte do mesmo processo de formação, ainda que não sofram solução de continuidade.

A progressão 3-2-1 soma 6, que é o valor de Júpiter, da mesma forma que o 7 é de Saturno e o 8 de Urano.

Júpiter é o Demiurgo. Seu ciclo de 12 anos emula os ciclos solar-apolínio de 12 Eras.

Os Andes e a América do Sul ocupam 66 graus de latitude, evocando cifra 666 do Apocalipse, e seus picos alcançam muitas vezes mais de 6.000 metros.

Os Cumes Americanos

A característica dos picos pan-americanos é alçarem-se a mais de 6.000 metros, ultrapassando, no caso do Aconcágua, os 7.000 m (7.021 m) – e estes cumes estendem-se mais ou menos entre o Equador e o paralelo 33, ou seja, semelhante ao número de vértebras da coluna dorsal humana. Essa é uma propriedade dos Andes, por isso denominaremos os picos acima de 6.000 metros como *montanhas americanas.*

Da mesma forma, os 4.000 metros definem o *degrau* europeu, que alcança quase 5.000 m (4.810 m no Monte Branco), os 5.000 metros são o *patamar* africano, que se aproxima dos 6.000 m (5.895 m no vulcão Kilimanjaro), e os 8.000 metros caracterizam os picos asiáticos, que ascendem até cerca de 9.000 m (culminando no Chomolungma/Everest com 8.882 m). Oceania (Mauna Loa, a 4.172 m.), Antártida (Winson, com 5.146 m) e América do Norte (McKinley, a 6.187 m) apresentam valores intermediários.

De certo modo, a "lacuna" do patamar de 7.000-8.000 metros (englobada pelos Himalayas), inexistente no quadro dos Sete Continentes, determina a separação 3/4 da cruz "latina", destacando a *apoteose* himalaica-oriental. Evoca também o "problema" do 8 – o Arcano VIII é a Justiça ou o ajuste do carma –, que impede que o Buda Pratyeka (8º) doutrine e dificulta com que o bebê de 8 meses sobreviva.

Pois todo o quadro reproduz com perfeição o modelo cósmico de evolução, no plano das grandes altitudes, que são aquelas existentes acima dos planaltos que permitem, ainda, a geração de civilizações. Estes alcançam no máximo 4.000 metros: são as mesetas tibetana (Lhasa: 3.650 m) e andina (Titicaca: 3.812 m), acima das quais existem apenas pequenos povoados como os dos *sherpas*, nos Himalayas.

O Candelabro Místico nos Cumes dos Sete Continentes

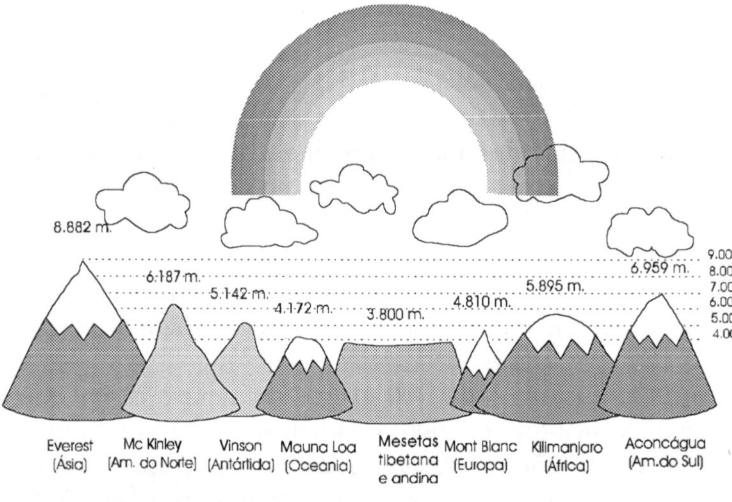

Os altos picos representam a elevação em direção ao divino. Eles se alçam a mais do dobro das alturas "humanas". O patamar dos 3.000-4.000 metros representa a parte física ou "humana" da civilização, associada à *Tríade Inferior*: os planos físico, emocional e mental concreto. Também se lhe relaciona aos 4 elementos, tidos igualmente como "físicos" ou materiais. Seu grande símbolo é o vulcão Mauna Loa; e a Oceania associa-se à Atlântida, a 4ª Raça-Raiz. Por sua vez, a Hierarquia está simbolizada pelos Andes e a Shambala pelos Himalayas.

Por ser o 4º reino na Natureza, a raça humana se destina a galgar no máximo três ou quatro iniciações; ao passo que a Hierarquia vai até o 6º ou 7º graus, e Shambala até o 9º ou 10º graus. Existe a manifestação de graus mais elevados (até o 14º), mas eles pertencem a hierarcas cósmicos e transcendem este mundo. Nesse caso, deveríamos evocar as profundidades abissais, que se estendem por vezes ainda mais que as mais altas cordilheiras da Terra, análogas a tais processos ocultos justamente redimensionados através das cruzes abismais do padecimento expiatório.

A evolução divina inicia-se onde termina a humana – na morte, simbolizada pela cruz do 4º grau, dando lugar à ressurreição. Os sete graus verdadeiros são ulteriores ao ciclo humano, indo do 4º ao 10º, 3 para a Hierarquia e 3 para Shambala. Somando de 4 a 10 temos 49 (4+5+6+7+8+9+10), como em 7x7, o número do ciclo sagrado. Por isso, existe um Candelabro sagrado na esfera divina com 49 chamas (cf. Dn 9,25 e Zc 4,2), em cuja base está o triângulo *humano*. E este candelabro está também configurado pelos cumes dos Sete Continentes.

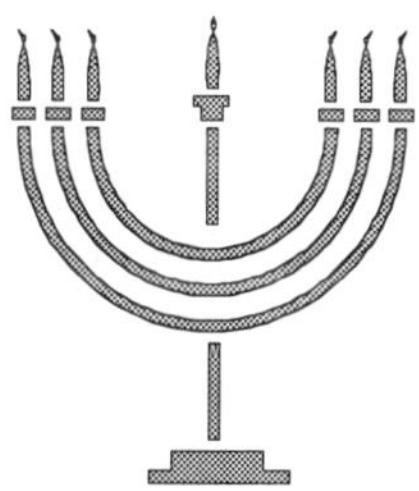

MENORAH – O Candelabro Místico

4+5+6+7+8+9+10 = 49 (7x 7)

Aqui devemos evocar a extensão da Cordilheira com os cumes *continentais* (acima de 6.000 metros), abarcando cerca de 50 graus de latitude da Colômbia até o início da Patagônia, extensão esta demarcada pela presença dos Lagos Maracaibo (Venezuela) e Nahuel Huapí (Argentina), estando o Titicaca (Peru/Bolívia) na exata parte central, a 25° de ambos (ver aplicação do Teorema de Pitágoras no quadro intitulado *Geografia Sagrada da América do Sul*, anexo a esta obra).

Também cabe representar as divisões de 10°, onde os 30 primeiros, ao sul do Equador, pertencem à tríplice esfera "humana": 0°-10° são físicos, 11°-20° são psíquicos, e 21°-30° são mentais; conforme a classificação de Serge Raynaud de la Ferrière. Pode-se acrescentar os 10 graus acima do Equador para integrar os 4 Elementos. Por outro lado, a fórmula 4x7=28 dá o ciclo de Saturno, gerador da "idade da cruz", na 4ª Iniciação. Deve-se atentar para este ciclo porque encerra duas esferas setenárias: o 7 e Saturno, o sétimo planeta, também associado ao 4º Elemento, *Terra.* Isso dá origem ao mistério setenário superior já analisado. Também se deve somar 12 (ou 14) a 28, obtendo os 40 (ou 42) anos clássicos de expiações; os 40° encerram a região dos cumes *subcontinentais* (acima de 3 mil metros) – salvo raras exceções no extremo sul. E 7x5°=35°, os 36 anos da missão pública do Buda Gautama, nos dá o fim das montanhas *continentais* (acima de 6 mil metros).

Aconcágua: *A Montanha Coroada*

Situado a centro-sul da Cordilheira dos Andes, o Aconcágua é o pico mais elevado das Américas, com quase 7.000 metros de altura, sendo também um vulcão extinto.

Constantemente varrido por fortes ventos, a montanha já vitimou um grande número de andinistas. Em algumas épocas do ano, os ventos que varrem suas faces fazem com que ostente no topo um penacho de neve, e no entardecer as nuvens se dissipam em parte acrescentando um semicírculo em torno da montanha – uma imagem que os orientais comparariam ao *lingam-yoni*, ou simplesmente *Shiva-lingam,* símbolo de masculino-feminino (o Sol e a Lua expressam o mesmo), e que certamente traria uma auréola ainda mais especial à montanha, até porque a *polaridade* é característica do Ocidente. O lingam, assim como a montanha em si, é um símbolo de Shiva, o deus-yogue.

Também em termos de geografia sagrada a sua posição é muito importante. Localiza-se próximo ao paralelo 33, número que as religiões prezam como "a idade do Cristo", pois trata-se da idade em que os Altos Iniciados alcançam os graus avatáricos. É igualmente o número das vértebras da coluna, de graus do Rito principal da Maçonaria, dos Caminhos de Sabedoria na Cabala etc.

Além disso, esse posicionamento situa o cume das Américas praticamente no centro *solar* do Hemisfério, no paralelo 30 (conforme a fórmula matemática *30°=1/2 raio de circunferência)*, a única faixa onde as quatro estações se apresentam regularmente caracterizadas, de forma simétrica e equilibrada.

Disso resulta a idéia de que, em torno aos cumes nevados, reina uma perfeita harmonia entre os 4 elementos, um padrão mandálico, portanto.

Com tudo isso, o Aconcágua postula-se como um dos grandes elementos simbólicos e centros de peregrinações na futura cultura espiritual da América meridional.

A montanha mais sagrada não necessitaria ser a mais alta. O famoso Kailas, no Tibet, não é a maior das grandes elevações trans-himalaicas, embora se imponha na sua região. Seu valor espiritual se deve em parte ao contexto simbólico que centraliza, naquilo que já foi chamado de "verdadeiro yoga geográfico" (Serge R. de la Ferrière), pois esta montanha e os elementos que a cercam apresenta uma espécie de *mandala*.

Na verdade, a Montanha do Ocidente já está de algum modo incorporada ao panteão indígena. O termo vem do quéchua *Aqonqhawaq*, que significa "a divindade que mira (seu espaço)", ou seja um deus-sentinela, colocado acima de todos, apesar de muito próximo existirem dois picos de elevação semelhante, o Mercedário e o Tupungato, espécie de "auxiliares" do Grande Monte. Nesse ponto, aliás, inicia o decréscimo brusco das altas montanhas, para o Sul. Por isto pode-se dizer que as grandes alturas se limitam a tais latitudes, como uma extensão do platô central, numa ação de mirante ou sentinela sobre as regiões mais baixas circundantes.

E é ali que centraliza-se o processo de síntese cultural ibero-americano, em território brasileiro sobretudo, reforçando a imagem da unidade polar. O Aconcágua é o símbolo da realidade cultural aúrea expressa pelas *Cidades Solares* do subcontinente, no paralelo 30, tal como foi de certo modo a Ilha da Páscoa no passado, centro de mistérios ainda indecifrados e de intenso contato com o mundo andino, e como é agora a capital do Cone Sul ou da "Nova Albion". Uma correlação direta seria a equivalência entre o nome da montanha como "vigilante" de suas cercanias, e o fundo de cultura gaúcho-brasileira de "vigilantes das fronteiras da pátria".

A triplicidade de montanhas que envolve o extinto vulcão se presta também a vários significados, servindo de elo aos elementos dual e quaternário já mencionados como pertencentes à região. Na ilustração abaixo ela é empregada para representar os três blocos, o hispânico ("Lua"), o brasileiro ("Sol") e o Cone Sul ("Estrela") ao centro, como elo de ligação e ponto de equilíbrio.

Pode-se incluir ainda o pico de Maipú, com 6.100 metros, como a quarta grande montanha neste que se constitui o último agrupamento de gigantes na Cordilheira, na verdadeira apoteose andina. Seria como a Nova Albion, síntese apurada do próprio Cone Sul.

A "Yoga Geográfica" Andina

Pode-se encontrar o valor 6 através da fórmula 2x3, se tivermos em conta que cada setor da Cordilheira abarca dois países – *Norte:* Colômbia/Equador, *Centro:* Peru/Bolívia, e *Sul:* Chile/Argentina, geralmente espremidos entre o "gigante"

Brasil e o contorno sinuoso da costa. Esses pares se encontram em posições *transversas* ente si. Certamente cada país desse circuito terá o seu papel numa cosmologia setenária, como demonstraremos em seguida.

Nesse aspecto, é interessante ver que cada país andino está mais ou menos associado a uma espécie de configuração da cordilheira: na Colômbia é tripla; no Equador é única; no Peru é dupla; na Bolívia é dupla com Altiplano; no Chile é simples, assim como na Argentina, embora esta tenha uma parte ampla do Altiplano ao norte.

Essas 6 subdivisões e países (assim como os 60° que ocupam), concorda bem com a associação da Cordilheira à uma coluna vertebral, na qual distribuem-se os 7 Chakras ou centros etéricos.

No mesmo sentido, o fato de haverem 3 grandes setores concorda com a tradição, pois existem três grandes *alinhamentos* de Centros etéricos ao longo da coluna, divididos pelos três nós místicos (as altas montanhas dos Andes distribuem-se ao longo de 30°, do Equador ao paralelo 30 aproximadamente), como a própria coluna vertebral possui uma tripla divisão principal. Na ascensão da energia "telúrica" *Kundalini*, ela os percorre em forma de zig-zag. Como se diz em yoga, "a serpente ascende realizando 3,5 voltas em torno do Monte Meru". O caduceu de Mercúrio apresenta a mesma simbologia.

Os locais de encontros ou bifurcações das cadeias chamamse *nós*. Registram-se o *Nó de Pasto* no sul da Colômbia, o *Nó de Pasco* no centro do Peru, próximo a Lima, e o *Nó de Apolobamba* (ou Apolopata) próximo ao Lago Titicaca e à cidade de Apolo, que evoca o nome do deus-Sol grego numa região tradicionalmente solar; a área contém ricos depósitos de ouro, o metal do Sol.

São estes os três grandes nós das Cordilheiras. Associamse aos três grandes rios da região: o Putumayo, o Marañon e o Ucayali, que vão dar origem ao Amazonas. Mais uma vez o Brasil surge como síntese.

A fisiologia yoga também trata de 3 grandes nós (*granthi*), um na base da espinha (*Brahma Granthi*), outro junto ao coração (*Vishnu Granthi*), e o último no terceiro olho (*Shiva Granthi*).

São os pontos de encontro dos dois canais, *Ida* e *Pindgala*, em sua ascensão até a fronte, onde se reúnem em definitivo.

Alguns colocam o nó básico no plexo solar, que parece ser a sua posição real. Na verdade, devemos aventar a possibilidade de um quarto "nó": apenas assim se pode traçar as três voltas dadas por *Kundalini* em sua ascensão. Isso ainda é relativo, porque o 4º nó é também o 1º nó numa visão circular ou de "uroboros". Chamaremos ao nó básico de *Brahman Granthi*, evocando o deus que abarca os outros três, por vezes representado com 4 facetas. O chakra básico, *Muladhara*, possui quatro pétalas. Dele partem os três grandes *nadis* (canais) *Ida*, *Pingala* e o central *Sushumna*.

Tudo isso concorda com a estrutura da Árvore Sefirótica, com suas 4 esferas centrais (existe uma quinta, oculta). O *sefirah* básico, Malkuth, possui 4 divisões, e dele saem as três colunas da Árvore da Vida. No mesmo sentido, a aproximação com os Andes ganha maior exatidão se considerarmos também um "nó" meridional, ao sul do Altiplano, na região de La Qiaca ou Socompa, assim como algum outro marco na base de tudo – quiçá no final dos *cumes americanos* (33°). Todas essas analogias se encontram no quadro intitulado *Geografia Sagrada da América do Sul*, ao final desta obra.

O Nó de Pasto nos Andes Setentrionais se acha na linha do Equador. O *Shiva Granthi* está no *Ajna Chakra* (fronte), havendo assim um sétimo centro acima dele, o apoteótico Chakra de Mil Pétalas (*Sahashara*). Esse papel caberia à Colômbia, cujo contato com outro hemisfério e até continente simboliza tal transcendência.

Alguns podem ser considerados secundários. O Nó de Pasco nos Andes Centrais é um mero *detalhe*, pois não altera substancialmente o caráter duplo dos Andes Peruanos. Serve apenas para representar transições entre a Cordilheira Branca e a Cordilheira Real.

Certas passagens representam a demarcação de etapas de níveis evolutivos. Ao contrário dos *nós* que seriam bem caracterizados por montanhas, tais passagens seriam melhor símbolizadas por depressões ou *lagos*. Alguns lagos estão associados a zonas *internas* de transição dentro das cadeias andinas, como o Nahuel Huapí e o próprio Titicaca. *Nahuel* é palavra mapuche e significa o mesmo que o mexicano *nagual:* "jaguar". Simboliza o elemento "Terra", associado às etapas básicas da evolução. Teria função semelhante o Estreito de Magalhães que separa a Patagônia Continental da Patagônia Insular. Já mencionamos a simetria existente entre o Nahuel Huapí e o Maracaibo. No extremo sul existem outros lagos importantes, gerados pelos glaciares.

Nesse aspecto, a tríade também simboliza o *tempo*: passado, presente e futuro. Em qualquer processo, a tendência da etapa central, obtida pelo equilíbrio dos opostos, é de ser sempre a mais larga e importante.

Os Andes centrais são os mais extensos e importantes. O Altiplano, sobretudo, parte central da Cordilheira, não foge à regra. Ali encontram-se os grandes lagos, gerados pelo degelo das montanhas, com sua elevadas civilizações. A parte central da coluna vertebral, chamada *dorsal*, possui 12 vértebras, que é a soma das duas outras partes: 7 vértebras da cervical e 5 vértebras da lombar, compensando de certo modo tendências opostas. Esse setor abriga grandes órgãos duplos, como os pulmões (alvéolos = Floresta Amazônica), e também o *coração*, no centro (Sol tropical, cultura solar andina). Na fisiologia yogue, trata-se dos dois canais pelos quais ascendem as energias polarizadas em 3,5 voltas, para se reunirem na fronte e dar lugar à Iluminação.

Esse processo corresponde então ao tempo *presente*, no qual se trabalha a *consciência*, cujo símbolo pode ser o do lago refletindo o cosmos e dando condições especiais à vida superior, o que corresponderá a um quarto tempo absoluto: a *eternidade*. Quiçá se possa evocar o rio Amazonas, que nasce dos Andes Centrais, *fluindo* para o Brasil que, como veremos, se integra paralelamente nesse quadro, colaborando na geração de uma nova apoteose cultural sul-americana.

Aqui entra, portanto, o aspecto quaternário. Considerando os Andes como 4-3-2-1, temos uma cosmologia clássica que evoca a *Tetraktys* pitagórica e as proporções das Idades do Mundo no *Manvantara* hindú, o ciclo da criação. *Grosso modo*, as divisões 4-3 ficam acima do Equador, e as 2-1 abaixo, configurando a etapa que divide as Idades entre *hierárquicas* (Ouro e Prata) e *anárquicas* (Bronze e Ferro).

Em termos gerais, tudo isso se assemelha muito ao "yoga geográfico" egípcio, na simbologia realizada pelo rio Nilo. Lá o Alto Egito (curso do Nilo) e o Baixo Egito (delta do Nilo) realizam uma correspondência entre si. O rio, que também apresenta três direcionamentos principais ("Z"), desce dos Trópicos até o Mediterrâneo, passando pelo delta simbolizado pelo lótus, iniciando no paralelo 30 e ocupando 1/4 parte da extensão do país, fazendo o papel das asas do caduceu, o aspecto *triangular* que sintetiza e equilibra o conjunto *tripartite* ascencional.

O triângulo do delta complementa os três cursos em zig-zag do Nilo, gerando o Selo de Salomão, como uma parte *solar* (unida) acima, e outra *lunar* (separada) abaixo. No centro surge o Logos solar, que é a esfera que encima o bastão do caduceu, simbolizado no Egito pela cidade de Heliópolis no *ápex* do delta, consagrada ao culto solar de Aton-Rá. A Cruz Ansata egípcia, símbolo da **vida** (*anck*), também traz essa esfera apoteótica no alto.

No yoga, as pétalas dos primeiros 5 chakras somam 48, mas o 6º chakra é duplo e vale o dobro: 96 pétalas. Essa dualidade corresponde ao papel *polarizado* do Alto e do Baixo Egito na unidade do "Duplo País". Quando unidos, o processo recebe um redimensionamento decimal ou "solar", de modo que o 7º chakra tem 960 pétalas. É a esfera que encima o caduceu, o círculo do *Farohar* (globo-alado-com serpentes). Nos Andes, o elemento de unificação é a Cordilheira Ocidental.

O quadro sul-americano é mais complexo e grandioso: no Egito tratam-se de unidades (10 graus), e na América de décadas (100 graus, somadas as duas partes paralelas/complementares: 60°+40° – ver adiante). Mas em ambos podemos encontrar o mesmo processo.

Em mais uma fantástica coincidência, as três grandes divisões dos Andes se dão praticamente pelo Equador e pelo Trópico de Capricórnio. Além disto, as altas montanhas se limitam ao paralelo 33, dividindo internamente o Setor Sul.

Dez dos 40 graus que ocupa a *verdadeira* cordilheira situam-se no Hemisfério Norte: são os *Andes Setentrionais*. Por sua vez, outros 10° ao sul (23°-33°) estão "separados" pela linha dos Trópicos: são os *Andes Meridionais*. Esses números ocultam proporções áureas: a divisão 3/4, verificada no Egito, é evocativa do atual padrão manvantárico, no qual o 1/4 restante pertence ao *Pralaya*, o "repouso" divino sempre associado a uma evolução anterior e ao *outro* Hemisfério.

Assim, de algum modo a simbologia é pertinente. A Tripla Cordilheira situada na Colômbia (Hemisfério Norte) poderia ser comparada ao delta do Nilo, com sua função de síntese e equilibrante. Mas o "apêndice" da Terra do Fogo, no extremo sul, apresenta igualmente uma forma triangular (para não evocar os triângulos do paralelo 30 e do Cone Sul).

Cabala Geográfica Andina

Tal como na Árvore Sefirótica, existem nos Andes uma contínua dialética entre setores simples e múltiplos (duplos, triplos). Daí ser possível uma rica analogia. O problema surge em certas classificações geográficas arbitrárias.

***Andes Setentrionais* .... Tríade do Espírito**

A tripla cordilheira colombiana, situado acima do Equador, é como o Tríplice *Ain* logóico que extrapola o circuito sefirótico.

Por isso, devemos inicialmente considerar o setor a partir da sua unificação (no Nó de Pasto), na cadeia única do Equador, que é como *Kether*, "a Coroa".

Visando a Tríade Espiritual (*Neshamah*), devemos integrar as duplas cordilheiras peruanas superiores, Cordilheira Ocidental e a Cordilheira Branca, representadas na "abertura" *Binah/Chokmah*.

***Andes Centrais* .... Tríade da Alma**

A "transitória" unificação ocorrida no Nó de Pasco é como a esfera oculta *Daath*, que representa um elo interior invisível entre as esferas do Espírito e da Alma. Logo os Andes seguem novamente como duas Cordilheiras, a Ocidental e a de Carabaya, representadas na Árvore da Vida pelas duplas esferas contíguas, *Geburah* e *Chesed*. Seu encontro no Nó de Apolobamba corresponde à sefirah *Tipheret* no centro da Árvore da Vida, relacionada ao Sol (Apolo), que é o grande símbolo dessa tríade da Alma (*Ruah*).

Nessa altura tem início o Altiplano, cercado por duas cadeias, a Cordilheira Ocidental e a Cordilheira Real, as quais caberia no entanto, associar de algum modo também ao Setor Sul, seja por razões geográficas lógicas, seja para que a analogia da última tríade não fique prejudicada.

***Andes Meridionais* .... Tríade da Personalidade**

Assim, deve-se observar que o Altiplano, apesar de associado aos Andes Centrais, realiza a sua última curva, na direção sul, muito acima. Também é preciso compreender que o Altiplano representa uma condição *intermediária* entre a Dupla Cordilheira e a Cordilheira Simples. Por fim, podemos observar que, na aplicação dos valores do Teorema Pitagórico, a divisão inferior incide no Nó de Apolobamba.

O Setor Sul inicia-se formalmente no Trópico de Capricórnio (paralelo 23), mas o Altiplano se estende da *Puna de Atacama* até o paralelo 28, com duas cordilheiras associadas a *Hod* e *Netzach* na Árvore Sefirótica. Aí então se tornam uma Cordilheira simples, análoga à esfera central *Yesod*, a Lua, na Argentina, de *argentum* (a prata), o metal lunar.

Apresenta uma última divisão em sua extensão sul, através dos Andes Patagônicos, relacionada à esfera de *Malkuth*.

A Dialética Cósmica

Existe em todo o tempo uma evolução cósmica paralela entre o global e o particular. Uma das expressões dessa realidade é o ciclo planetário ou *Solar*, juntamente ao ciclo hemisférico ou *Polar*. O primeiro é centrífugo e se dirige dos Pólos para o Equador, e o segundo é centrípeto e vai do Equador para os Pólos. Na Cabala, existem formas distintas de percorrer a

Árvore Sefirótica: o *Caminho da Flecha* segue a energia descendente, e o *Caminho dos Arcanos* segue a energia ascendente. Isso corresponde ainda aos dois momentos do trabalho solar descrito na Tábua de Esmeraldas: ascensão seguida de descenso, ou a purificação resultando em liberação. Uma é a etapa de construção, que segue de baixo para cima, e a outra é a fase de penetração das energias, que vai de cima para baixo. O processo inferior é o *elemental*, e o superior é o *etérico.*

Abaixo relacionamos alguns itens que caracterizam essa dialética:

energia centrífuga	energia centrípeta
força ascendente	força descendente
análise solar	síntese polar
purificação	liberação
obra lunar	obra solar
aspecto forma	aspecto essência
ocidente	oriente
hispânicos	lusitânicos
variedade	unidade
construção	usufruto
passado	futuro
manvantara	pralaya
estrutura	conjuntura
nervos vegetativos	nervos autônomos

O estudo comparativo demonstra a impressionante semelhança entre o traçado dos Andes com a coluna vertebral e também com os esquemas místicos a ela relacionados, incluindo detalhes de várias naturezas, como divisões e proporções. A pequena diferença proporcional poderia ser até justificada pelo fato de os Andes terem uma certa "corcunda", sugerindo um ser humano envelhecido ou um ancião – ver sobre isso no quadro *Geografia Sagrada da América do Sul.*

Não se pode negligenciar o fato de que a América do Sul e os Andes ocupam um total de 66°, o dobro portanto de 33°, sugerindo o *duplo processo crístico.* É preciso ter em vista um ciclo dentro do outro, o maior ocupando toda a extensão do território e o outro se limitando entre os graus 0 e 33, processo este evocativo da correlação existente entre a Sul-América Hispânica e o Brasil.

Nessa "inversão", onde os 33 graus são relacionados às 33 vértebras da Coluna, encontramos também perfeitas correspondências, através da clássica disposição da *base* da coluna vertebral no Equador. A função *orgânica* do Brasil também pode ser representada pelos órgãos ou pelas glândulas que existem no tronco humano.

Os 5 graus da Cordilheira do Condor, no Peru, correspondem ao cóccix (4 ou 5 vértebras). Os 5 graus seguintes, do Passo Porculla até o Nó de Pasco (Peru Central), aludem ao osso sacro (5 vértebras). As 5 vértebras lombares correspondem aos 5 graus que vão até o Nó de Apolobamba, junto ao Lago Titicaca. As 12 vértebras dorsais iriam até o paralelo 27, que marca o fim da *Puna*. Somados os 7 graus das vértebras cervicais, iremos até o grau 34, onde estão os últimos picos acima de 6 mil metros, entre eles o *Cume das Américas*, o Aconcágua. Noutro sentido, as vértebras cervicais estão associadas aos 7 graus místicos existentes entre o Trópico (23° lat.) e o centro do Hemisfério (30° lat.).

Temos assim a possibilidade de *duas cosmologias*, inversas e complementares. Por isso devemos tratar de harmonizar ambos os enfoques. Os importantes países setentrionais ainda polarizam com o sul, e a dupla visão é característica da generosidade ocidental e dos processos atuais de transição. Mas em breve ficará claro que a grande síntese final localiza-se no centro do Hemisfério, e não do globo, porque este representa apenas uma transição de *mundos*, tal como ocorre no começo e no fim dos processos globais. A Colômbia recebeu algumas das primeiras ondas culturais da América do Sul (San Agustin), e também a herança pré-colombiana na diáspora maia. Os primeiros contatos europeus ocorreram na foz do Orinoco. E, novamente, na atual preparação da Nova Era, a Venezuela tem sido eleita para sediar movimentos importantes como o da Grande Fraternidade Universal, que prevê no entanto que a Grande Restauração ocorrerá através da clássica síntese cultural realizada na região *central* dos hemisfério, o paralelo 30. É também como se, de algum modo, esse Setor Norte, destinado a adaptar-se de uma forma especial à cultura irradiada no quadro meridional e servir de transição para outros hemisférios, "compensasse" o inexpressivo segmento cultural dos Andes Patagônicos, verdadeiro segmento "1/4" a ser abstraído do quadro geral.

De qualquer forma, pode-se considerar que o quadro sul-americano apresenta-se mais amplo e simbólico, onde a linha do Equador representa uma função central no globo, análoga à hemisférica do paralelo 30, tal como é enaltecido no Egito.

Certamente o delta nilótico perfaz o papel de cabeça, e a pequena extensão dos Andes Setentrionais sugere uma analogia com a parte cervical da coluna. No entanto, vale lembrar que na base da coluna também existe um *delta*, formado pelas vértebras do cóccix, evocada quiçá, na geografia sagrada do Subcontinente, pela Terra do Fogo.

Sabe-se que, em esoterismo, existe uma tríade superior e outra inferior. Além disto, também se pode evocar as distintas representações da verdade cósmica segundo os dois grandes tipos de civilizações: a atlante-ocidental e a hiperbórea-oriental (ver René Guenón em *Formas Tradicionais e Ciclos Cósmicos*). Vale lembrar que o atual ciclo civilizatório é plenamente *global*, razão pela qual a adaptação do simbolismo ao *todo* planetário comporta esta dimensão cósmica.

Mesmo em termos que se poderiam considerar "absolutos" ou "transcendentes", as polaridades cósmicas não são uniformes. Assim, se o Hemisfério Norte aponta para a evolução da própria galáxia, o Hemisfério Sul comporta o pólo magnético do globo.

Adotando o padrão global, a síntese logóica estaria presente na linha do Equador, associada quiçá às antigas cidades sagradas de Tiwanaco ou Cuzco (chamadas "umbigos" e "centros" do mundo), ou mesmo à própria cidade de Quito, para onde os incas chegaram a pensar em transferir a sede de seu império solar quando descobriram ser lá o centro do globo.

Ampliando o raciocínio, essas linhas que "isolam" a Colômbia ao norte e a Argentina ao sul, podem ser comparadas aos dois "véus" existentes na Árvore Sefirótica e que a dividem em três partes. Os 4 países "centrais" restantes (na medida em que se possa incluir o Chile), corresponderiam aos quatro elementos alquímicos: a região tropical está tradicionalmente associada às energias elementais. E esses "elementos" sofrem o *jogo* das polaridades e são seus *instrumentos*.

Uma das distinções entre os Andes colombianos e os argentinos, é que o primeiro é tríplice e o último único. Além disso, com a única exceção do vulcão Nevado de Ruiz, apenas na Argentina encontramos montanhas acima de 6.000 metros. A separação da linha equatorial, dividindo a Colômbia e o país de Equador, agrupa em cinco os países andinos do Hemisfério Sul. O 5 é o número da quintessência central na Alquimia.

Abaixo diagramamos esta situação simbólica.

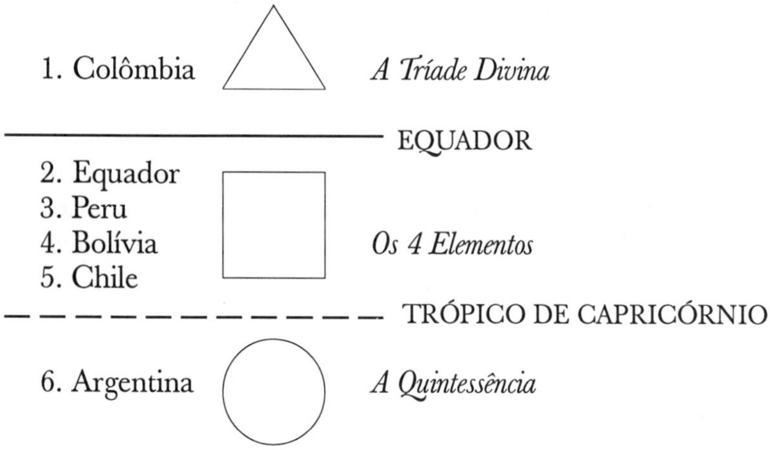

Essa abordagem é a mesma dos chakras antevista. Os quatro países seriam as serpentes *elementais* do caduceu, a Argentina as suas asas *anímicas*, e a Colômbia a síntese *logóica* do 6º centro.

Mas nada disso elimina o enfoque tradicional em que a síntese associa-se ao centro do hemisfério, visando a final apoteótica do ciclo, como veremos adiante, o que nos levará a considerar novas regiões do Subcontinente e a inversão direcional do processo acima. Afinal, sabe-se que as energias evoluem em dois sentidos no cosmos: os processos individuais (Microcosmos) são *ascendentes* e os processo planetários (Macrocosmos) são *descendentes*, ao passo que os raciais (Mesocosmos) são *ambivalentes*, harmonizando os anteriores. Atualmente, todos estão em plena ativação, evento único em toda a história global, sendo por essa razão o alvo de todas as grandes profecias.

O que se observa são estruturas polarizadas sujeitas à alternância de funções, tal como ocorre em qualquer processo dialético. O I Ching demonstra que *Ying* e *Yang*, positivo e negativo, podem se converter um no outro quando seu ciclo é chegado ao fim, ou quando as coisas são levadas a extremos em alguma direção.

Uma das formas de sugerir isso, é perceber que Argentina vem de *argentum*, "prata" em latim, o metal lunar, ao passo que a Colômbia sempre esteve associada ao ouro e ao mito de Eldorado, apesar de saber-se cientificamente, hoje, que boa parte do "ouro dos incas" – e talvez até o colombiano –, fosse proveniente do Brasil, que de resto é o verdadeiro país *solar* do Subcontinente, como veremos adiante. É nessa direção que remeterá a síntese ou a "iluminação" da Cordilheira – ao equilíbrio com a sua outra metade "oculta", permitindo a etapa de descenso divino e a harmonia final de todas as coisas.

Essa é uma das razões pelas quais existem sempre duas "serpentes" ou linhas-de-energia polarizadas, na esfera *magnética* do fogo cósmico, relacionada à Alma universal. Apenas na esfera *elétrica* ou espiritual é que elas são unas, sendo tríplices na fase *frictiva* ou básica do fogo da Personalidade. Existe ainda uma quarta e suprema condição, a *plasmática*, onde as três naturezas se reúnem para dar origem ao Fogo Sagrado, absoluto, perfeito e eterno do Logos.

Já comentamos algumas associações quaternárias clássicas. Num certo sentido, a quarta esfera corresponderia aos Andes Patagônicos. Este último setor andino encontra-se dividido pelo Estreito de Magalhães, evocando a imagem das 5 divisões da coluna vertebral, a qual pode ser associadas aos 5 chakras do budismo tântrico. Seus cumes, menos elevados, seriam equiparáveis às 9 vértebras atrofiadas da coluna vertebral humana: 5 sacrais e 4 coccígenas, que podem ser consideradas como uma só peça (na Árvore Sefirótica a 5ª esfera central é abstraída). Da mesma forma como essas vértebras representam pequenas proeminências, os Andes Patagônicos também são bem menos elevados.

O quarto segmento seria o osso sacro, de forma geral triangular, possuindo vértebras "soldadas" entre si que representam uma unidade óssea de 5 pequenas saliências. Corresponderia ao 6º chakra do hinduísmo, com 6 pétalas, e ao setor continental dos Andes Patagônicos. Entre o Tronador (3.410 m) próximo a Bariloche, onde se iniciam, e o San Valentin (4.058 m) no Lago Buenos Aires, existem mais de 10° de latitude abaixo de 3.000 metros, elevando-se depois a 4.000 para uma pequena apoteose da sinfonia andina. Podemos destacar 5 picos, para associar às vértebras, ou 6 para relacionar às pétalas. Além dos já mencionados, citemos o Fitz Roy (3.375 m), o Murallon (3.600 m), o Arenalles (3.340 m) e o Bertrand (3.270 m), além das famosas Torres de Paine (2.670 m).

O quinto segmento da "coluna" andina é o cóccix, cujas 4 ou 5 vértebras "atrofiadas" lembram as 4 pétalas o *chakra* básico (sétimo) do hinduísmo, onde radica-se a serpente *Kundalini,* dentro de um triângulo e enrolada 3,5 voltas em torno de um *lingam* (é o *Brahma Granti,* o Nó de Brahma). Esse apêndice vertebral, considerado uma reminiscência das caudas dos mamíferos, possui quatro saliências dispostas em 2 níveis. Como o anterior, sua forma é triangular, embora bem menor, e estaria associado ao triângulo da Terra do Fogo (Patagônia Insular). Os glaciares que abundam nessas regiões são como a energia psíquica condensada, na forma da *Kundalini* enrolada. Entre as montanhas que emolduram Ushuaia e alimentam as geleiras, destacam-se o Monte Darwin (2.1450 m), o Sarmiento (2.300 m) e o Monte Itália (2.352 m).

Outras Analogias

Também afirmamos que a forma geral da Grande Cordilheira conta uma história e vela uma profecia: a História das Américas.

Assim, as três cordilheiras iniciais são também como as três raças – negra, branca e índia – que se uniram para dar lugar a uma quarta nas Américas, representada pelas cordilheiras únicas. A dupla cordilheira alude às duas Almas ibéricas que povoaram o Subcontinente, assim como as duas grandes Américas, polarizando entre si as novas sub-raças. E a grande cordilheira simples do Setor Sul aponta para a grande unidade sul-americana, a apoteose final do encerramento da presente ronda, onde todas as coisas estarão unificadas.

No mesmo sentido, podemos associar os setores andinos à construção política e cultural do Continente, em três fases que ocupam 500 anos cada, totalizando um ciclo de Sírio, da seguinte forma:

1ª Etapa (Colômbia/Equador): Constituição dos Países Individuais;
2ª Etapa (Peru/Bolívia): Constituição dos Blocos Continentais;
3ª Etapa (Chile/Argentina): Constituição da Unidade Pan/Continental.

Cada etapa tem uma primeira metade de formação seguida de uma outra de consolidação. Exemplo: na 1ª Etapa, "Colômbia" representa a fase formativa, e "Equador" a fase consolidativa.

Inicialmente, o Continente foi dividido em três grandes blocos: é a "Sub-etapa-Colômbia", que evoca ainda o nome do grande "descobridor" das Américas, com quem tudo se iniciou (apesar de nunca ter tocado as terras continentais). As três cordilheiras colombianas são como as suas três caravelas, assim como o Espírito Santo que conforma a Trindade. Isso corresponde à etapa de *constituição nacional.*

No começo houve, portanto, a organização tríplice das Américas. A existência da América do Norte e da América do Sul tinha evidências próprias, já a partir da extensão e da conformação continental. A América Central, no entanto, afirmou sua importância inicial pelo fato de ter sido ali o ponto de contato continental. Além disso, sua unidade cultural lhe dava conteúdo próprio, sobretudo a profunda herança pré-colombiana. Por fim, havia a necessidade de se determinar um território intermediário entre os dois grandes continentes. Com esta tríplice organização, estava implantada a Grande Unidade Americana, simbolizada pela Sub-etapa-Equador, a unificação das Cordilheiras à altura da linha do Equador e no país assim denominado. Esta etapa de 500 anos se divide entre a fase colonial e a fase nacionalista aberta pelos Movimentos Revolucionários, que tinham em mente a unidade sul-americana.

Hoje, no entanto, com a anexação do México à América do Norte, resta pouco significado à existência da América Central. A saída do México abalou profundamente a antiga unidade cultural Centro-Americana, restando praticamente apenas o aspecto político de "território tampão". No entanto, a aproximação entre as grandes forças polarizadas faz diminuir a importância formal da existência de territórios de transição.

Atualmente, ruma-se para a polarização Norte-Sul, que no futuro representará uma única entidade sócio-cultural, quando a complementaridade estiver bem amadurecida através da emergência de novos valores.

Por isso, a tendência será vermos os países da América Central procurarem aproximar-se cada vez mais dos grandes Continentes americanos, para resolver a que grande bloco deverão anexar-se no futuro, Norte ou Sul. Em termos geofísicos, a América Central é uma extensão da América do Norte. Mas seus vínculos históricos e culturais a dividem entre Norte e Sul. É possível que a divisão final se inspire nos termos da antiga organização realizada pela Coroa espanhola para a região, onde o Panamá e parte da Costa Rica estavam anexados à Colômbia. Melhor ainda, que se observe os antigos domínios culturais pré-colombianos. O grupo indígena dos Chibchas ia da Colômbia à Nicarágua, integrando-se melhor ao Sul, numa grande divisão polarizada. E toda a cultura maia, distribuída entre Honduras, Guatemala e México, provavelmente se anexará à América do Norte. Afinal, é preciso observar que tais culturas pertenciam realmente ao contexto setentrional, de modo que suas estruturas calendáricas e espirituais se reportavam inicialmente a esse contexto.

Mas toda a área chibcha, a Venezuela e as Guianas, representam uma região de transição na qual facilmente se impõe um dilema. Pois, apesar de pertencer ao continente sul, encontram-se no Hemisfério Norte.

De qualquer forma, tudo isto é relativo, e a Nova Era trará

novamente um padrão universal, dessa vez centralizado no Hemisfério Sul. A aceitação desse fato lançará as sementes para a futura Terceira-Fase – a "Etapa-Chile/Argentina".

Estamos iniciando atualmente a segunda fase, a "Etapa-Peru/Bolívia", de integração continental interna, e que provavelmente contará também com 500 anos de formação. E da mesma forma como é nessa parte da Cordilheira que se desenvolveram as mais importantes civilizações, também se pode esperar que venha a ser nessa etapa que surjam as grandes novas expressões culturais nas Américas. As sementes já amadureceram para isso, e veremos o surgimento de manifestações áureas nos lugares propícios.

Essa abordagem representa um elo com a seguinte, relacionada ao fator-tempo.

Capítulo 7

A TEMPORALIDADE CONTINENTAL

O que vimos anteriormente representa o *equilíbrio vertical* da cruz cósmica, relacionado ao princípio espacial, hierárquico e analógico "assim como é em cima é em baixo". Tal coisa depende porém de um equilíbrio básico ou elementar. Para isso devemos buscar o *fator-de-equilíbrio* horizontal – as polaridades masculino-feminino –, que reside na *simetria* do próprio eixo ascencional, a sua duplicação ou polarização horizontal. Relaciona-se basicamente à formação e à consolidação do *tempo racial*, através da evolução *longitudinal*.

A Conjuntura Polar: *Tempo*

Voltando ao exemplo egípcio, ao longo do Nilo podemos encontrar províncias e cidades em seus dois lados, associados às duas serpentes cósmicas. Na América Meridional o quadro envolve países; mas as nações andinas são praticamente apenas aquelas banhados pelo Oceano Pacífico, à excessão da Argentina, que é "oriental". Por isso, necessitamos considerar agora o *território total* do Subcontinente.

Da mesma forma como as energias *verticais* relacionam-se ao grande encontro de raças havido no Subcontinente, gerando o quaternário espaço-racial, a grande dualidade *horizontal* constitui-se pela herança ibérica luso-hispânica, gerando a triplicidade tempo-cultural, oportunamente transcendida pelo 4º Tempo – a "Eternidade" – para se indentificar ao quaternário espacial anteriormente verificado, havendo entre ambos o *centro* em comum como no Selo de Salomão.

Assim, ao mesmo tempo em que se considera a simbologia do paralelo 30 (e do Cone Sul) para fins de síntese, a energia que equilibra o "processo" da Cordilheira (que envolve uma plêiade de nações), associa-se ao Brasil, cuja unidade territorial corresponde praticamente à metade da América do Sul: 8.500.000 km^2 contra 9.500.000 km^2 da soma dos demais países do Subcontinente (dos quais as três Guianas, com 450.000 km^2, não são ibero-americanas), fazendo fronteira com quase todos os países.

Além disso, o perfil ocidental do Brasil acompanha os Andes com suas três grandes linhas, e correspondem a três regiões *políticas*: Norte, Centro-Oeste e Sul. A costa brasileira, ocupando cerca de 1/4 do perímetro geral do Continente, apresenta um padrão semelhante, mas invertido.

O Brasil também se estende pela mesma extensão e até praticamente pela mesma altitude dos Andes *reais,* que ocupam 40° de latitude (de 10° N a 30° S, aproximadamente).

Por isso, cabe a simbologia solar ao Brasil e a lunar ao resto do Subcontinente, unido este pela língua e religião mas, ao contrário do anterior, separado politicamente. A Lua representa a mudança e a diversidade, e o Sol, a estabilidade e a unidade.

Essa dualidade é também evocativa, num primeiro momento, da polaridade temporal *passado* e *futuro* – o Brasil é sempre apontado como o "país do futuro", e esse dito popular vela uma profecia. Sua unidade e riqueza justificam a idéia, ao passo que o mundo hispânico sugere o passado pelo fato de ter sido descoberto e colonizado antes, pelo conservadorismo e pela pluralidade política que manifesta, e finalmente por conter em seus territórios as mais ricas e antigas culturas indígenas, referenciais permanentes para todo o futuro a ser desenvolvido nas novas áreas de fusão ("Cone Sul"). Por sua vez, ao ser o Brasil o País da Unidade, da realização do seu Plano Nacional depende o Plano Continental, e desse, por sua vez, o Plano Mundial.

Também se pode definir isto como Ocidente e Oriente da América do Sul. Diz-se que "a luz vem do Oriente", onde está o Brasil e o Cone Sul místico ("Nova Albion"). Mas o tempo é um aspecto da evolução *física.* Materialmente, diz-se que os primitivos povos americanos vieram da Ásia, através do Pacífico Sul ou do Alaska. O tempo é tradicionalmente representado pelas águas. Temos assim no "istmo" do Estreito de Magalhães, ao sul da Patagônia, um interessante símbolo desse processo de emergência e integração, pois, sendo o Oceano Pacífico cerca de cinco metros mais alto que o Atlântico, existe um intenso fluxo de águas naquela passagem, produzindo a turbulência responsável pelo elevado risco que representa realizar essa travessia. O "enchimento" do Atlântico prossegue desde que as Américas separaram-se da "Mãe-África", tal como o passado deságua no presente para gerar o futuro.

Naturalmente, dentre ambos deve surgir um equilíbrio, dando lugar ao *presente.* O futuro deve ser concretizado, e o passado deve ser honrado ou justificado. E esse equilíbrio corresponde ao contato entre o mundo hispânico e o lusitânico, tal como tem sido gestado no Cone Sul, especialmente na área geográfica do sul brasileiro (Rio Grande do Sul) e no "oriente" hispânico (Uruguai).

Como vimos, podemos simbolizar o grupo hispânico pela Lua, o Brasil pelo Sol e o Cone Sul pela estrela. Este último centraliza e unifica modernamente a cultura sul-americana, seja por estar centrado no paralelo 30, como por representar equitativamente todas as grandes heranças raciais e históricas, inclusive a luso-hispânica (ou ibérica). A estrela representa portanto a síntese central. É através da integração dos três grupos que teremos a esfera cósmica do Subcontinente unificado.

Esse terceiro elemento de síntese correspondente portanto ao tempo presente, no qual se encontram e se harmonizam todas as dualidades, gerando as sementes da transcendência e, portanto, a *renovação*. Essa é uma tarefa natural do paralelo 30, regido pelo ternário sintetizante.

Nesse paralelo que centraliza o hemisfério encontramos pois o novo centro solar-logóico. A cidade em questão é Porto Alegre, a "Heliópolis" sul-americana, capital do estado do Rio Grande do Sul, onde se realiza a grande síntese da cultura ibero-americana, entre outros fatores.

No item anterior dissemos que as três Cordilheiras associam-se às Três Raças antigas, culminando na formação da Nova Raça. Esta unidade implica no reconhecimento do Brasil como nação solar e projeto-modelo para o Subcontinente. Entre outros elementos simbólicos, o país oferece o seu Planalto Central como área de média altitude, centralizando o continente, apesar de haver a oeste o baixio do Pantanal (ou dos *Chacos*), em zona igualmente central. No Norte, o Rio Amazonas corre latitudinalmente, como o Ganges, e como este também nasce das cabeleiras de Shiva – as montanhas nevadas da Cordilheira. Representa o mais extenso e caudaloso rio do mundo, iniciando-se no Peru. No sul, existe um dos maiores sistemas de lagoas do planeta, formado por um intenso encontro de elementos na costa do Rio Grande do Sul.

O esquema a seguir aponta para o duplo resultado central

do encontro do triângulo racial com o triângulo cultural na América do Sul.

A raça "vermelha" ou "cobreada" (significado da palavra "andes") tem sido considerada como já existente, mas nós a temos como ainda em formação, atribuindo aos indígenas a sua origem "amarela".

Empregamos o termo "lusitânico" (forjado por nós e equivalente, é claro, à "hispânico"), embora se pudesse dizer aqui "brasileiro" por se tratar da única nação de língua portuguesa no subcontinente.

"(Sul-)Americano" é o caldeamento cultural obtido na América do Sul. "Albiônica" é toda a cultura superior desenvolvida no Cone Sul, por vezes também chamada "pampeana" de forma mais restrita.

O Valor de *Pi*, o Triângulo Pitagórico e a Seção Áurea

Ao lado de sua unidade, sua extensão e seu posicionamento, existe também no Brasil a sua natureza *axial*: seus dois extremos norte e sul acham-se numa mesma linha, a 53° de longitude. Tratam-se de extremos da *costa*, mas o extremo geográfico Norte, na Serra do Caburaí (Roraima), praticamente nivela-se ao ponto norte costeiro.

Este fato sugere a existência de um diâmetro, o qual representa o princípio *axial* na circunferência. Estamos tratando pois do valor de *Pi*.

Esse diâmetro chama-se aqui *brasil-axialidade,* estando dividido pelo Trópico em 3/4 de sua extensão, ou seja: a proporção do calendário sagrado *Tzolkin* (260 dias) em relação ao Calendário solar *Haab*, dos maias (360 dias).

A partir do diâmetro da *brasil-axialidade*, o 3,14 pode ser visto como a decomposição da circunferência em três arcos de 120 graus, cada qual relacionado a um dos três grupos de países hispânicos do Subcontinente: *grupo caribenho*, *grupo andino* e *grupo pampeano*. Um quarto *grupo oriental* corresponde ao Brasil – ou melhor, às suas quatro regiões "superiores", e está associado ao eixo (a Região Sul pertence a uma área de síntese e centralidade). O círculo está associado ao tempo e à diversidade, e o eixo ao atemporal e à unidade.

Remetemos o leitor ao quadro *Geografia Sagrada da América do Sul*, existente no final desta obra, onde poderá encontrar essa análise e as seguintes.

Sendo o Brasil triangular, o mesmo diâmetro serve como eixo para uma pirâmide. Para isso, aproveitamos o padrão da Grande Pirâmide, que é um dos mais sagrados e cobre bem a superfície do país. Além disso, os ângulos de base da Grande Pirâmide possuem 52 graus, e ela exalta o grau 30 através do ângulo de sua câmara subterrânea. Por isso, dispomos o ápice da pirâmide no paralelo 30 (centro do hemisfério e onde localizava-se a Grande Pirâmide, no Egito) e no meridiano 52, com sua base no Equador. Como o Brasil ocupa cerca da metade da superfície do Subcontinente, sugerimos uma outra pirâmide disposta lateralmente, empregando o mesmo ápice. O vazio deixado na base desta deve ser preenchido simbolicamente pelo grupo caribenho, o qual já dissemos *compensar* ou complementar a Patagônia.

Os dois eixos piramidais dividem simbolicamente o Subcontinente em quatro setores triangulares, cabendo observar que os triângulos expressam a fórmula pitagórica 3-4-5, onde os lados 3-4 podem ser relacionadas ao valor de *Pi*, com 3/4 partes (o 3,14) correspondendo aos 3 setores hispânicos e 1/4 parte (diâmetro) ao eixo brasileiro.

O Teorema Pitágorico representa uma grande síntese entre o mundo físico, o da alma e o do espírito. Sua fórmula é: (3x3) + (4x4) = (5x5), e a soma dos membros dessa igualdade é 50, um número cíclico tradicional.

Existem 50 graus entre o Lago Maracaibo e o Lago Nahuel Huapí, ficando o Titicaca exatamente no meio. É de fato possível observar o desdobramento do Teorema através das três partes da Grande Cordilheira, embora com uma divisão algo distinta da habitual: *Norte* = Colômbia (9 graus; ciclo espiritual), *Centro* = Equador e Peru (16 graus; ciclo material); *Sul* = Bolívia, Argentina e Chile (25 graus; ciclo anímico). E estas divisões correspondem a dois *nós*: o Nó de Pasto entre Colômbia e Equador, e o Nó de Apolobamba entre Peru e Bolívia.

Todos esses são recursos auxiliares para definir zonas de influência específica.

Capítulo 8

O CONE SUL MÍSTICO OU A "RESSURREIÇÃO DO EGITO"

Existe no mundo uma ampla faixa geográfica tradicionalmente relacionada à Idade de Ouro, a chamada *Região-Jardim.*

Consideremos para isso a geografia sagrada do Egito Antigo, embora pudéssemos empregar a da Mesopotâmia ou a da Índia, locais em que também se desenvolveram civilizações áureas.

O Egito podia ser considerado como iniciando-se na 1ª Catarata, em Assuã, próximo ao Trópico de Câncer (23°). O Alto Egito vai até o início do Delta, enquanto o Baixo Egito está representado pelo próprio Delta (que vai até o paralelo 33).

Esses 10 graus já são muito interessantes para a Geografia Sagrada. Mas o Egito também buscou ampliar seu território para abranger um padrão de 12 e 14 graus, seja indo até o paralelo 35 ou iniciando-se pouco antes do Trópico. Por isso o Egito invadiu terras ao Norte, na Palestina, ou ao Sul, na Núbia, visando integrar um padrão ainda mais completo.

O Nilo é um símbolo do Zodíaco e está associado à deusa Ísis. Esse território oscilante tinha inicialmente em vista integrar os 12 graus zodiacais, geralmente divididos em 7+5 graus que se estendem desde o Trópico (23°) até o paralelo 35, centralizados no *Centro hemisférico* (desde o ponto de vista da luz solar) do paralelo 30 (30° = 1/2 raio de circunferência), onde situava-se *On,* a "Cidade do Sol" (Heliópolis), sede do culto solar original e sua cosmogonia de 10 elementos, com o Templo do Sol e da Fênix. Trata-se da cosmologia do deus-Hórus, receptáculo da Enéade.

Toda essa região corresponde ao Jardim do Éden caldeu do Genesis bíblico, denominado na nova Tradição como *O Jardim do Sol*, que é também o corpo e o paraíso de Osíris, o *Tuat.* As 14 (7+7) divisões do corpo de Osíris podem ser atribuídas, entre outras coisas, a 14 iniciações, a 14 graus de latitude e a 14 sábios, como os Rishis que cercam o Manu nos mitos orientais. O corpo de Osíris foi dividido por *Seth* e reunido por *Ísis*, ambos símbolos da Iniciação, como as colunas do rigor e da brandura.

Mas a Montanha de *Manu,* deus da Ocidentalidade, tem uma das faces mais escarpada, considerando-se apenas 12 graus (7+5). O fato da redução do perímetro da região "baixa" se deve, entre outras coisas, às condições climáticas que se tornam rapidamente mutáveis devido ao rápido afastamento do arco terrestre em relação ao Sol e em direção ao eixo. A chave 7+5 reúne os dois números mais importantes da Cosmologia universal, inclusive complementando-se e podendo ser inscritos sobre suásticas de direções opostas. Tal fórmula é apresentada pelo Tibetano como fundamental para abrir o novo ciclo de revelações mundiais (ver *Astrologia Esotérica* de Alice A. Bailey), e esteve realmente na base dos trabalhos que resultaram na nova Tradição de Sabedoria, a *Cúpula de Cristal*, fruto áureo do Cone Sul Místico.

Cabe observar que a coluna vertebral divide seus três setores móveis em: Coluna Cervical (7 vértebras), Coluna Dorsal (12 vértebras) e Coluna Lombar (5 vértebras). A Coluna Dorsal tem o mesmo número de vértebras de ambas as outras somadas. Significa que a unidade dos opostos redobra as possibilidades.

Em Nova Albion esse quadro está, portanto, muito claro. O perímetro do Reino Sagrado pode ser considerado como sendo de 12 graus, através da fórmula 7+5, tendo ao centro o paralelo 30 (Porto Alegre), na faixa que vai desde o Trópico (São Paulo) ao paralelo 35 (Buenos Aires).

Brasil e Argentina (ou segmentos seus) correspondem às "Duas Terras", Sol e Lua na profecia da Mulher Solar do Apocalipse 12, sendo as 12 estrelas que a coroam as 12 nações que cercam o Brasil na América do Sul, os 12 graus do *Jardim do Sol* etc.

As Hátores ou as Terras Sagradas

Háthor ("Casa da Hórus") é a vaca solar, divindade celestial que, sob forma humana, é também a deusa da alegria e da beleza, tida como mãe e esposa de Hórus, pois trata também do planeta Vênus, o companheiro do Sol, razão pela qual leva o Astro-Rei entre seus chifres.

No mito osírico surge como a Deusa do Sicômora, a Árvore Sagrada que envolveu o corpo de Osíris. Para isso, toma sete formas denominadas *As Sete Hátores*, identificadas pelos gregos às Plêiades.

Háthor é ainda o Reino, e suas auxiliares correspondem aos territórios que cercam o Estado Solar. No Cone Sul místico, tratam-se dos quatro Países: Argentina, Uruguai, Paraguai e Brasil, mais os Estados do Paraná, Santa Catarina e Rio Grande do Sul. O Sol é a Capital mística Porto Alegre. Mas neste caso as Plêiades são os países andinos.

Osíris reúne e centraliza tudo isso. É "aquele no qual vivemos, existimos e temos o nosso ser" (Atos 17, 28). Na antiguidade egípcia, Osíris estava relacionado à constelação de Órion, o "Caçador" também associado a Hórus ou o "Gigante" Hércules dos gregos.

O Egito possuía várias capitais de culto; praticamente cada cidade era consagrada a um deus. Em Nova Albion temos as **Sete Cidades Sagradas**, capitais das Hátores geográficas e cuja distribuição pode ser relacionada à forma desta Constelação de Órion.

As Quatro Estrelas dos pés e das mãos do Gigante corresponde às capitais federais/culturais do Cone Sul Místico: *Assunção*, *Buenos Aires*, *Montevidéu* e *Rio de Janeiro*.

As cidades que correspondem às Três Marias (ou aos Três Reis Magos), no coração de Órion, centralizam os estados da Região Sul do Brasil. São elas: *Curitiba*, *Florianóplis* e *Porto Alegre*. Esses três estados são como as três pirâmides de Gizeh, *em Heliópolis*.

E tal como as Três Marias apontam para *Sothis* (Seth+Ísis) ou Sirius, essas Capitais reunidas apontam para *São Paulo*, que é uma Háthor especial, no caso, *Sothis*, a Rainha dos Céus. Polariza diretamente com Porto Alegre e a complementa, assim como Niterói completa Florianópolis.

As Sete Cidades Sagradas do Jardim do Sol ou
A Órion Geográfica

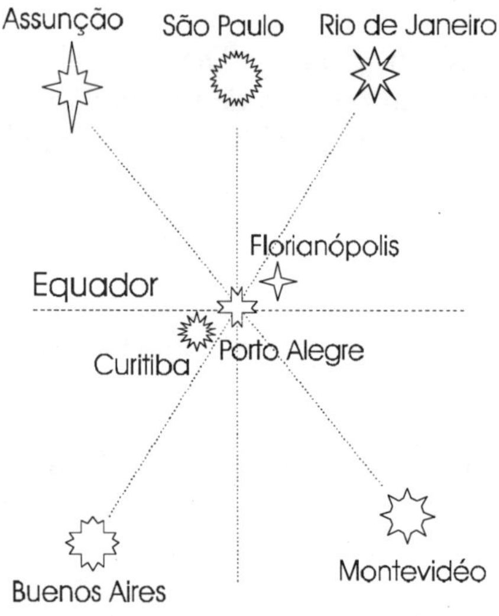

O Rio de Janeiro é ainda considerado *culturalmente* como a capital do Brasil. Além disso, a mudança para Brasília é um processo em andamento e a cidade ainda deve alcançar a sua maturidade, pois ela representa sem dúvida um grande desafio para os brasileiros. Relaciona-se amiúde Juscelino Kubitschek a Akenaton, e não sem fundamento, especialmente porque foram dois visionários que realizaram suas empresas apressadamente e sem os fundamentos suficientes. Se Aketaton ("Horizonte de Aton"), a cidade criada pelo faraó, não sobreviveu à sua própria existência, Brasília, feita em cinco anos, está ruindo em todos os sentidos e ainda não mostrou muito positivamente a que veio. Adiante vamos tratar melhor do tema.

Basicamente, a constelação de Órion foi vinculada a Osíris em função de seu particular caráter como *marcador de tempo*. Os egípcios viam em sua extensa forma uma **ampulheta**, distribuída sobre os dois hemisférios celestes (Norte e Sul), e com seu centro ou cinturão exatamente sobre o Equador (cinturão cósmico). De modo que esta constelação oscila entre o Norte e o Sul da Eclípctica ao longo dos tempos, definindo assim as regiões Norte e Sul do mundo.

Da mesma forma, podemos estimar que os movimentos mais importantes na consolidação do Novo Ashram, oscilarão através destas mesmas coordenadas, entre o Trópico de Capricórnio (Assunção, São Paulo, Rio de Janeitro e Niterói) e o paralelo 35 (Buenos Aires e Montevidéu), tendo como eixo *tradicional* o paralelo 30 (Porto Alegre); como veremos no Capítulo seguinte.

O Panteão Solar

O Panteão solar relaciona-se diretamente à Geografia Sagrada, pois todas as coisas são uma só.

Assim, as Sete Estrelas de Órion correspondem também aos sete babuínos (sábios) de Thot que acompanham o séquito de Hórus (igualmente identificados a Órion), ou os Sete Rishis que acompanham as encarnações de Vishnu, segundo o Hinduísmo.

Popularmente, os principais deuses constituem o *Nether*, o grupo divino mais conhecido e cultuado do Egito: *Osíris*, *Ísis*, *Seth*, *Néftis* e *Hórus*. Regiam os 5 dias epagomenais, que eram sagrados e festivos, uma espécie de festas de fim-de-ano.

Iniciando pelas duas deusas, as funções de Ísis e Néftis amiúde se confundem e identificam na mitologia egípcia. Ísis tem como símbolo o *trono*, e Néftis o *templo*. No tarô, são os dois cavalos (um branco e outro negro) do Carro divino (Arcano

VII), sendo também as rodas sobre as quais o carro anda (pois o círculo se relaciona tanto ao quaternário-suástica como ao setenário – ou seja: sempre a fórmula 5+7), tendo como eixo Osíris. Repetem assim a atitudes dos "anjos" situados à cabeça e pé de Jesus em João 20,12.

Na civilização cristã elas são chamadas *Marias*, o que é em si muito significativo. Maria é Mar-Yah, ou Ram-Yah. Pensa-se ainda nas três *Moiras* que regem o Destino na mitologia grega. *Mo* em egício significa água, donde Moisés, o "nascido das águas", igual a Mar. *Ram* (ou Rá) é um nome solar, e as vacas Hathor e Sothis (relacionadas a Ísis e Néftis) portam um Sol entre os chifres. *Yah* é um dos Nomes de Deus na Cabala e relaciona-se à Palavra Perdida, razão da morte de Hiram. Aliás, sabe-se que a letra M evoca *águas.*

Ísis é como uma *Tara Branca*, que abraça a base do processso sacrificial divino. Por isso, na iconografia egípcia, Ísis situa-se aos pés de Osíris, permitindo a reintegração do deus. Em sua pureza e simplicidade, auxilia a organizar o caos interno nos processos do deus sacrificado. Para isso, Ísis se estabelece no Delta, símbolo do triângulo baseado no paralelo 30, classicamente a região do trono divino. Representa o Amor e a Igreja. A coroa do Baixo Egito é vermelha e real. Estes 5 graus representam energias elementais a serem impl antadas e purificadas, num verdadeiro mandala racial. É a etapa básica de trabalhos, sua *infra-estrutura.*

Néftis é como uma *Tara Vermelha,* a mais cultuada no Budismo Tântrico, como é natural nesses meios que amam a síntese e o ocultismo. Néftis (*Neb-Thot* em egípcio) situa-se à cabeça de Osíris, a qual simboliza o Pai e a Unidade, tão importantes para organizar a complexidade do trabalho templar dessa deusa que trabalha no próprio plano da Forma. O templo se relaciona ao Trópico. Representa a Ordem e a Maçonaria. A coroa do Alto Egito é branca e sacerdotal. Os 7 graus da região tropical são da mais alta importância em Geografia Sagrada, e podem ser relacionados a todos os setenários existentes. Verdadeiro "arco-íris" geográfico, o grau 23 é o 7º raio e o grau 30 é o 1º raio. Todas as fundações sagradas empregam essa faixa de forma muito especial. Foi assim na Caldéia, no Egito e na Índia, cabendo agora às Américas realizá-lo, posto que os antigos contextos (Atlanhtida, Anahuac) jamais deram tal oportunidade a essa região. O 7º Raio é o da Organização, e completa o 1º Raio de Poder-Vontade, pautado pelo sacrifício. A sólida união destes raios alfa-ômega representa a *virtual emergência do Reino...*

A Nova Heliópolis (*On*, Cairo) – *Uma Profecia Egípcia**

Dizer que o Egito era rico em ciência espiritual é uma obviedade. Difícil é saber o quanto conheciam dos mistérios ocultos do mundo.

Entre os mitos culturais mais completos do antigo Egito, se destacam figuras como o imperador Menes (ou Manu segundo outra grafia), que reuniu as "Duas Terras" do Alto (Sul) e do Baixo (Norte) Egito, sob a proteção do deus Thot, o patrono da Civilização egípcia, criador das artes, da escrita e do calendário, e a quem os gregos chamaram de Hermes Trismegisto (o Mercúrio romano). Imenso era o volume de obras e trabalhos atribuídos a este deus, razão pela qual se considera antes como sendo nome de uma reunião de Escolas multi-raciais do que de um único personagem.

Com toda a sua ciência, eles não apenas elaboraram uma astronomia complexa, como também definiram uma astrologia que lhes permitiria organizar seu país à imagem do céu.

O que significa exatamente isto? Ora, "céu" faz alusão não tanto ao cosmo aparente – sobretudo o sistema solar –, como ao mundo "interno" dos *arquétipos*. A evocação mais importante desse quadro é o Setenário, como nos planetas observáveis a olho nu no céu físico, de fundamental importância na Astrologia egípcia. Tudo isto fica corroborado nos símbolos centrais do antigo Egito, sobretudo nas coroas dos governantes das "Duas Terras".

---

* Publicado no Jornal PARALELO ॐ, nº 21, Maio 1996, FEEU, Porto Alegre.

Essa solene expressão apresenta conotações amplas e simbólicas. O Egito foi um país que teve uma colonização oriunda de diversas regiões do planeta. O que era, pois, este Egito arquetípico de que falam as lendas antigas? A resposta para isto, como sugere a forma das duas coroas do Alto e do Baixo Egito reproduzidas abaixo (e que foram reunidas na união dos dois países por Menés), deve ser buscada na imagem do setenário, empregando a forma do triângulo e da pirâmide por eles sempre cultuadas.

A *coroa real,* do Baixo Egito (Norte), invoca o triângulo descendente.

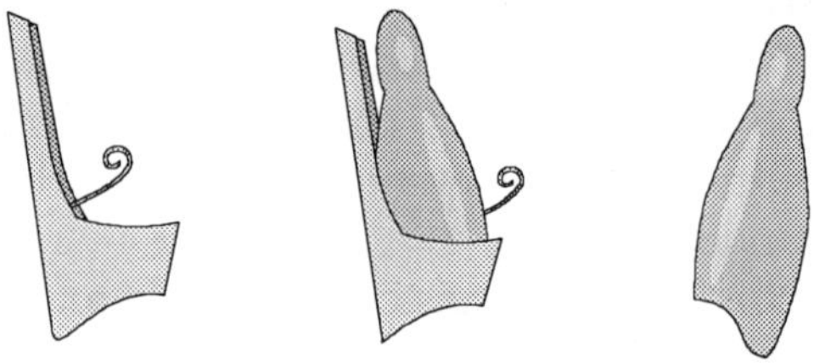

A *coroa sacerdotal* (*mitral*), do Alto Egito (Sul), invoca o triângulo ascendente.

∇ Δ

A Coroa Dupla

Através dessas figuras temos o Selo de Salomão e o valor 6. Pois bem, o Egito da Geografia Sagrada realmente ocupa 12 graus, mas estes estão concentrados em 6 (de Luxor a Heliópolis). As áreas extremas são como energias que pertencem ainda à fragmentação. Obviamente tudo isso está relacionado aos 4 elementos alquímicos:

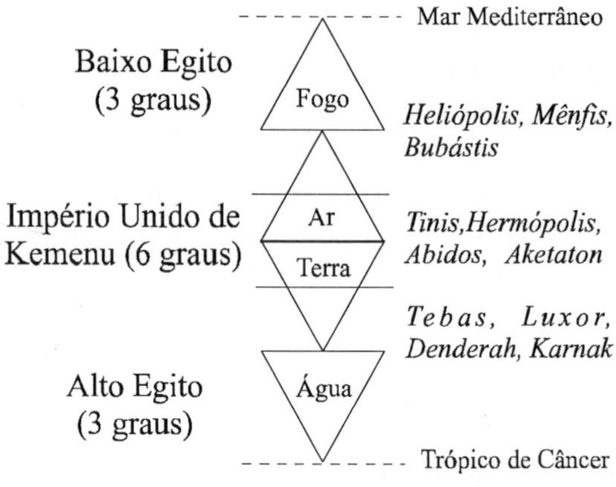

Os elementos centrais (Ar-Terra) são formados pela interação dos opostos cósmicos (Fogo-Água), daí o traço central que os divide e limita. A fusão das coroas incorpora na realidade o duplo caráter central. E as cidades e capitais citadas geralmente possuem relação com esta cosmologia: Ísis (Denderah) é cultuada ao sul, Osíris (Abidos) e Thot (Hermópolis) ao centro e Hórus (Heliópolis) ao Norte. Aketaton afigura-se deslocada.

No mesmo sentido, o Egito Místico ou global ocupa 120 graus, concentrados em 60 (entre ambos os paralelos 30). A simbologia das coroas se refere portanto também às regiões que abrangem o paralelo 30 do globo. E a África é o único continente que se encontra praticamente limitado por essas faixas.

Para os Egípcios antigos, o Egito era simbolicamente considerado como sendo toda a África e vice-versa. As tradições corroboram esta identificação chamando a África de "Líbia", como se observa em mapas e nos escritos antigos – ver Platão e Heródoto. E se observarmos o simbolismo dos deuses que regiam as "duas terras", teremos uma confirmação adicional, embora esotérica. Trata-se de Hórus (Norte) e Seth (Sul), aos quais se pode associar o Sol e Saturno respectivamente, ou seja, o "alfa" e o "ômega" astrológico e geográfico. Tais polaridades dizem respeito às energias que existem em ambos os hemisférios, mais visíveis através dos Trópicos de Câncer e Capricórnio.

A harmonização de ambas as energias deveu-se a Thot. O que significa isto? Ocorre que o primeiro Ashram espiritual do mundo foi solar e setentrional (Lemúria), e o segundo lunar e meridional (Atlântida). Até então, existia uma grande separação nas energias do mundo, geradas por essa dualidade primordial. Foi apenas com o surgimento de um terceiro momento *Mercuriano* em Aryavartha (Índia), que a síntese foi possível. Pese haver sido um cadinho de várias de influências antigas, o Egito, com sua síntese própria, pertence sobretudo ao momento *Ariano* da raça humana, de modo que seu patrono cultural seria realmente Thot.

Ao mesmo tempo, existia um culto solar original que foi preservado no Egito. Dentre as principais cosmologias egípcias encontramos, junto à de Thot, uma outra, mais antiga, de Aton-Rá, o Sol. Por outro lado, o mito de Thot dá origem ao de Rá na cosmologia de Hermópolis (*Khemenu*). A associação entre ambos é, pois, constante, e na escolha do novo imperador das Duas Terras unidas, a intervenção de Thot foi decisiva em favor de Hórus (paradoxalmente, *Rá*, outro deus solar, preferia a *Seth*). Por fim, cabe dizer que Akenaton, ao reviver o culto solar original, fundou a nova e efêmera capital do Egito – *Aketaton*, "Horizonte de Aton" – exatamente ao lado de Hermópolis.

A importância do culto solar traz já uma explicação tradicional. Representa um princípio universal nas grandes civilizações sagradas. O Sol simboliza a síntese e a unidade, a Divindade enfim. Cultuar o Sol representa adorar o Ser divino que anima nosso planeta, o Buda ou Avatar atual, cuja função no mundo encontra no Sol a mais palpável analogia e representação.

A capital do culto solar e sede da verdadeira ortodoxia egípcia – a cosmologia de Aton-Rá –, foi Heliópolis (*On*, em egípcio), no paralelo 30, e foi a partir daí, sede de importantes dinastias, que era regulado o calendário para todo o país. Tal calendário era basicamente solar, mas nisto residia uma simbologia espiritual, sempre relacionada aos aspectos mais profundos do tempo enquanto energia criadora gerada pelos iluminados.

Posto isto, chegamos ao ponto em que podemos descrever a profecia de Hermes Trismegisto existente em seu "Discurso de Iniciação", relativo à futura restauração da glória do Egito mítico:

> *"... existem outros deuses cujas virtudes ativas e cujas operações vão distribuir-se através de tudo o que existe. Esses deuses, cujo domínio se exerce sobre a terra, serão restaurados um dia e instalados numa cidade no limite extremo do Egito, uma cidade que será fundada no lado do sol poente e à qual afluirão, por terra e por mar, as raças dos mortais".*

Devemos buscar compreender de que cidade se trata nesta importante profecia (as primeiras indicações da correta interpretação dessa profecia deve-se à extinta Ordem do Fênix).

Primeiramente, o "limite extremo do Egito" e da África é, como vimos, o marco do paralelo 30 ou proximidades. O Egito estava centrado numa cidade situada nessa faixa.

A África se acha totalmente circunscrita pelos dois paralelos 30 do globo, fazendo por extensão do Egito uma imagem do céu espiritual. Na profecia de Hermes Trismegisto, o "limite extremo" do Egito é obviamente o 30° Sul.

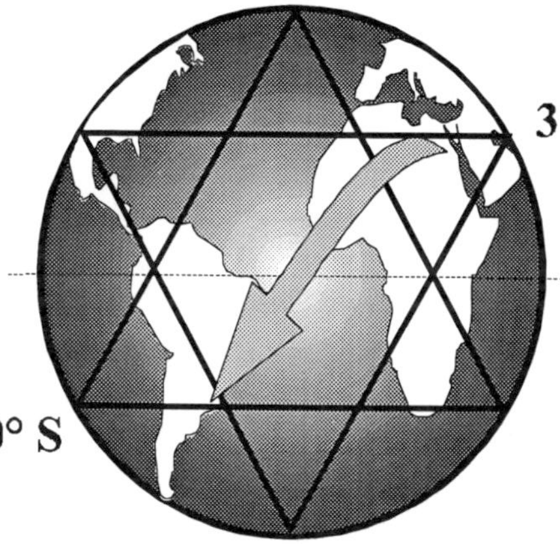

O lado do sol poente é a América, a qual deve ser alcançada por mar. O país "para onde acorrem as nações" nestas latitudes é o Brasil, onde acontece a suprema síntese racial. E a cidade em questão só pode ser Porto Alegre, colonizada de início por levas de casais vindos das ilhas dos Açores para esse propósito e destino, mas que também recebeu vários outros povos e influências continentais e extra-continentais (como ocorreria no próprio Egito, aliás).

Quanto aos "deuses", cujo domínio se exerce sobre a terra, trata-se de Altos Iniciados com influência de âmbito mundial, mediante a manifestação na Terra da Hierarquia de Luz, profetizada por Bailey para acontecer neste final de século. Por vir a se manifestar uma vez mais, como os Rishis dos tempos antigos, é que suas virtudes são consideradas "ativas" e operantes no mundo.

Porto Alegre é realmente, por tudo isso, a "Nova Heliópolis", a cidade onde "mora o Sol" e de onde emana luz e orientação verdadeira para o mundo. Vale dizer que a capital gaúcha reproduz, em suas coordenadas geográficas, os principais ângulos da Grande Pirâmide de Gizeh (Heliópolis): 30° e 52°.

PARTE II

O Sol e a Lua
OU
A Herança Ibérica

Capítulo 9

A GRANDE EXPANSÃO

Portugal, com grande experiência marítima, cedo iniciou suas campanhas para tirar o seu quinhão do Novo Mundo. Cabral aportou no meio do Brasil, em Porto Seguro, situado no sul da Bahia – processo que pode ser comparado ao da *intermediação* espiritual.

No entanto, foram os reis católicos Fernando e Isabel que tiveram visão suficiente para patrocinar as viagens de Colombo. O rei português havia declinado do pedido por não crer na aventura e nem desejar arcar com os seus custos.

Em suas aventuras sul-americanas, as rotas oficiais dos espanhóis eram as Cordilheiras e a costa oeste das Américas. Isso ocorria pela própria natureza da região, onde as densas florestas impediam o livre trânsito e os silvícolas representavam uma ameaça constante. Havendo iniciado suas conquistas pelo Norte, foi por lá que começaram a sua colonização, descendo pelo centro do Subcontinente até o extremo sul – um verdadeiro processo de descenso ou *encarnação*, portanto, na simbologia espiritual.

A Espanha Imperial

Por essas e por outras razões, o Tratado de Tordesilhas fora favorável à Espanha. A Coroa angariou a maior parte das terras da América do Sul. Já havia se apossado da América Central e ampliou suas conquistas pela América do Norte, chegando quase a dominá-la igualmente.

Com tantos domínios, o poder e a riqueza da Espanha explodiu, e Carlos V, após ter herdado também vários territórios e países europeus, foi coroado Imperador do Santo Império Romano.

Era tamanha a extensão desse império "onde o sol jamais se punha", e tantas as dificuldades para administrá-lo, que a Coroa mal podia fazer frente às invasões de suas fronteiras.

Oportunamente, os territórios espanhóis d'além mar foram agraciados com um *status* maior que o de meras colônias: tornaram-se Vice-Reinos e Capitanias Gerais. Essa divisão tinha por objetivo agilizar a administração de áreas tão vastas e dar certo *status* aos seus cidadãos, sempre sujeitos à rebeliões. Em compensação, as 8 regiões estimularam a grande divisão territorial que se verificaria mais tarde, resultando numa série de pequenos e médios países.

Muitos dos limites das atuais nações hispânicas da América Latina derivam destas grandes divisões realizadas pela Coroa espanhola. Outros foram drasticamente alterados.

A exemplo do que ocorreria no início da colonização feita por outros países europeus, duas grandes forças se aliaram para gerar a conquista espanhola das Américas: os exércitos e as ordens religiosas. Após a chegada dos primeiros europeus, e difundido o terror, as missões espalhadas por todos os continentes americanos trataram de consolidar a conquista. Não era producente eliminar as populações indígenas, que deveriam ser empregadas como mão-de-obra para os tantos afazeres que a Coroa desejava realizar no Novo Mundo: minas, extração de madeiras, agricultura.

Na época da Conquista e nos séculos seguintes, a Espanha foi a grande aliada da Igreja. A Inquisição e a Companhia de Jesus foram criadas para conter a expansão das novas heresias surgidas no seio da Cristandade, no seio de várias nações que vinham alimentando dissensões com o Papado: era a Reforma Protestante de Lutero na Alemanha, o Calvinismo na França, o Anglicanismo na Inglaterra. E a "filosofia" voltou à moda, sustentando os rumos da Renascença.

Agarrada aos seus últimos e poderosos aliados, a quem a Igreja favorecia com indulgências, terras no além-mar e o importante trabalho das ordens religiosas para "pacificar" os índios, o instrumento da Inquisição teve nos espanhóis executores hábeis e dispostos.

A eficácia política da Inquisição era tanta, que os reis católicos Fernando e Isabel solicitaram à Santa Sé um capítulo à parte, dando lugar à Inquisição Espanhola. Uma vez combatidos os heresiarcas cristãos, restavam os mouros e os judeus. Esse era o destino principal dessa nova página inquisitorial, cujos braços se estenderam fortemente às Américas.

Fernando completou a reconquista da Espanha, dando fim ao "problema" muçulmano na Europa com a conquista de Granada, entregue praticamente sem lutas pelo rei mouro com o único intuito de poupar o Alhambra, onde se instalaram os reis católicos com toda a pompa oriental. Mas o sangue espanhol já se havia "arabizado" fortemente, após quase um milênio de domínio mouro sobre quase todo o território espanhol. À exceção da religião, os espanhóis assimilaram quase tudo dos mouros: artes, culinária, indumentárias, ciências, crenças e até parte da linguagem, assim como o caráter. De modo que a influência árabe na Espanha é notável, e tal coisa foi repassada às Américas.

O grande símbolo do Islã é a lua crescente junto a uma estrela. A lua simboliza a matéria ou a forma, e a estrela o Profeta. A cor do Islã é o verde, que é a da Natureza terrena (especialmente a vegetação), associada também à matéria. A lua simboliza a diversidade e a mudança. O Islã é adaptável e não alimenta hierarquias, sequer espirituais, embora tenha seus xás e sheikes. Os árabes deram provas de possuir o dom da civilização. Suas leis estão em suas próprias escrituras, ao contrário dos cristãos que tiveram que completar suas legislações com o Código Romano e outros. Também manifestaram habilidade com as ciências em geral, sejam físicas, humanas, morais ou espirituais. A Civilização moura na Europa foi uma era de ouro da cultura, dificilmente igualada no universo islâmico ou mesmo cristão.

Por isso se pode dizer que os árabes são "pragmáticos", dom este herdado pelos espanhóis. A religiosidade e o catolicismo permanecem fortes entre os hispânicos, alimentando o espírito conservador católico.

O Brasil e seu Povo

O Brasil é uma nação-continente, com regiões de grande diversidade climática e geológica, porém unidas pela língua e por certos traços culturais.

Geologicamente, em seu vasto território encontram-se, lado a lado, solos dos mais antigos e dos mais novos do planeta, como são o Planalto Central e a Amazônia.

É basicamente um país tropical – apenas a Região Sul fica fora da Zona dos Trópicos. Tudo isso, junto à vastidão territorial e a um sentido de religiosidade inata, determina um temperamento afável, alegre e esperançoso ao seu povo. É verdade que as mazelas ecológicas e principalmente a política têm minado profundamente a fé e a bondade da população. As estruturas sociais têm sido profundamente abaladas nas últimas décadas. Ainda assim, uma espécie de *bênção* parece pairar sobre o país...

O território nacional sofreu uma grande expansão desde o Tratado de Tordesilhas, recebendo mais que o dobro de sua dimensão original, pela expansão para dentro dos sertões, pampas e florestas semi-povoados do Subcontinente. Os 12 estados da costa leste surgiram das 12 "Capitanias Hereditárias" em que estava dividido o território brasileiro à época do Tratado; estas foram depois repartidas em dois grupos, Norte e Sul, resultando numa verdadeira imagem do zodíaco. Atualmente, o país está dividido em 26 estados, além do Distrito Federal, um número sagrado na Tradição de Sabedoria, associado ao próprio deus IHVH e ao sagrado globo-alado-com-serpentes.

A formação do povo brasileiro é muito complexa e digna de um estudo antropológico e espiritual, por seu valor de síntese racial e o sincretismo religioso.

Fala-se amiúde do encontro das três raças: branca, negra e índia. O peso dessas raças está melhor distribuído através de algumas regiões: o negro predomina no Nordeste, o branco no Sul e o índio no Norte. Nas regiões mais centrais do país (Leste e Centro-Oeste), existe um caldeamento mais pronunciado.

Os índios do Brasil viviam na "idade da pedra", como se diz, e por isto o extermínio foi ainda mais impiedoso que em outros lugares da América Latina. Ainda hoje o desprezo é grande, e a ambição por suas terras não leva em conta o seu valor cultural.

Portu-Galo (ou Porto-Gálio) era uma antiga província celta de Hispânia. Os celtas eram muito aguerridos, e o País nasceu mais tarde das guerras mouras. Depois de consolidado, dedicou-se ao comércio e à exploração dos mares. Portugal recebeu uma herança especial ao abrigar os templários remanescentes, com a maior parte de seus bens, já que o conluio entre a Igreja e a Coroa francesa não conseguiu confiscá-los como pretendiam. Esta força foi empregada nas navegações, reunindo os conhecimentos árabes e de outros povos que os antigos Templários haviam obtido nas Cruzadas e que guardavam como altos segredos. A cruz das caravelas de Cabral era a da Ordem de Cristo, criada exclusivamente pela abrigar os ex-templários e que Dom João trouxe consigo para o Brasil.

A aventura sebastianista acarretou na perda da soberania portuguesa. A Casa de Bragança, após ascender ao poder restituindo a coroa ao povo lusitano, iniciou uma política pacifista na Europa que o Brasil herdou. Mas a elevação do *status* nacional se deve à mão da História, pela expansão napoleônica na Europa, obrigando a Coroa a se refugiar na longínqüa colônia. A própria independência veio como uma reação à tentativa de fazer o Brasil retornar à condição colonial. Mas o estado brasileiro nascente foi algo como a primeira Escola de Samba nacional – um "império" teatral sem reinos subordinados e dirigido por um monarca estrangeiro, que sequer sentiu a necessidade de casar-se com uma brasileira. Os figurantes do enredo eram escravos negros e índios, libertados mais tardiamente que em qualquer outra parte, apenas em 1888.

Portugal e Espanha nasceram de um único bloco peninsular: a Ibéria dos antigos celtas, a Hispânia dos romanos, a *Hispahan* dos mouros. As lutas de libertação permitiram retomar a Espanha cristã, gerando ainda um "rebento" chamado Portugal. As regiões do norte mantêm dialetos onde ambas as línguas estão profundamente misturadas.

Um encontro semelhante se daria mais tarde no centro-sul da América Meridional, através da cultura pampeana.

Capítulo 10

AS MISSÕES DO PARAGUAI

Dentre as várias "missões" religiosas, redutoras, catecistas e pacificadoras realizadas pelas ordens reunidas sob a bandeira da Igreja Católica, uma delas teve significado especial para o Cone Sul, dentro do processo de configuração de suas fronteiras finais, nas lutas realizadas entre a coroa luso-brasileira e a espanhola: aquela que ficou conhecida como "Missões do Paraguai", destinada a congregar as populações guaranis dispersas pela região, num território que alcançava partes da Argentina, do Rio Grande do Sul e de Santa Catarina.

Essa importante empresa jesuíta no continente da América do Sul permanece à vista dos historiadores, que tiram dela distintos aspectos e conteúdos.

Sabe-se que as reduções foram, originalmente, e como sempre, uma "encomienda" da coroa espanhola aos jesuítas, numa espécie de represália à construção de Sacramento no território "oriental" (Uruguai), tudo com autorização da Igreja. Era preciso preencher o vasto território dos planalto riograndense e a mesopotâmia, sendo que a única população local era a guarani.

Mas, pela extensão da empresa, para muitos europeus os jesuítas estavam construindo um verdadeiro império religioso. Tanto que várias vezes entraram em conflito com os bandeirantes, embora estivessem apenas se defendendo destes escravagistas. Certamente buscaram gerar um grau de autonomia que passou a assustar os impérios europeus. Sem dúvida os jesuítas viam nisso tudo a oportunidade de gerar uma nova sociedade. Bastava dois padres para controlar milhares de índios em cada "redução". Seres tão dóceis era tudo o que os padres poderiam desejar.

Cada redução consistia numa força armada não-desprezível, o que permitiu a sua destruição pelas tropas portuguesas e hispânicas reunidas, assim que as reduções se tornaram desnecessárias; foi o ataque surpresa que não permitiu aos índios se organizarem a tempo. Para o historiador Danilo Antón, ocorreu então uma grande dispersão dos povos oprimidos, indo em sua maioria para a região uruguaia.

Mais tarde, numa possível tentativa de vingar a História, o ditador paraguaio Solano López procurou formar um vasto império, reintegrando os territórios dos guaranis dispersos para formar um Estado gaudério internacional. Para isso formou um exército fabuloso para a época, muitíssimo superior aos das grandes nações que o cercavam. Invadiu as regiões de Corrientes, o Mato Grosso e o Rio Grande do Sul, visando alcançar o Uruguai, já politicamente influenciado. Esses atos obrigaram a aliança de Brasil, Argentina e Uruguai, resultando na guerras paraguaias, com importantes conseqüências para todos. Antes disso, havia já ocorrido a luta de Artigas pela independência do Uruguai e a tentativa semelhante da Revolução Farroupilha no Rio Grande do Sul, movimentos que apontam para a presença de forças autóctones nestas regiões.

Culturalmente se reconhece certos avanços, porque os índios adquiriram muitas habilidades, dando origem a uma base cultural regional.

Os Jesuítas são conhecidos por darem mais importância aos fins que aos meios, em suas relações com os índios. José de Anchieta, conhecido como o "apóstolo dos índios", apresentava aos índigenas seus próprios deuses como demônios.

Os guaranis não apenas eram muito religiosos, como davam muito valor à palavra. Os Jesuítas faziam contínuas ameaças religiosas com o Inferno, e a menor falta era razão para punições físicas severas. Registros da época sugerem que os índios não se consideravam felizes, mas apenas domesticados. Ainda assim, a empresa teve um significado complexo e amplo.

Dessas reduções resultaram fundações de muitas cidades, a partir dos "Sete Povos das Missões" incluídos no território rio-grandense; pelo Brasil, o trabalho jesuíta já havia originado muitas povoações, inclusive as capitais Salvador, São Paulo e Rio de Janeiro.

Para a modernidade restou também a presença de ruínas de grandes edificações, recordando este importante movimento que chegou a caracterizar como poucos os sonhos mais ambiciosos da Igreja para o Novo Mundo, uma aculturação tão completa quanto poderia se desejar, empregando os braços destes soldados da fé que são os empreendedores jesuítas.

Certamente os religiosos queriam a sua parte na utopia do Novo Mundo. A acusação da época de que estavam tentando construir um Estado Teocrático não pode ser neglienciada. Seu poder econômico e militar era grande e apenas a reunião das coroas ibéricas pôde derrotá-los, abolindo a Companhia de Jesus de Portugal e Brasil.

Mas sua presença foi definitiva para formar uma das últimas fronteiras sul-americanas, numa região bastante disputada porque dava acesso às caravanas que cruzavam as rotas continentais. As regiões envolvidas ficaram conhecidas pelo nome de "Missões", seja na Argentina como no Rio Grande do Sul.

Hoje a Unesco considera as Missões como uma das mais importantes regiões históricas do mundo, e isso se consolidará à medida em que se afirme a vocação sagrada do Subcontinente.

Capítulo 11

A MISSÃO DOS HISPÂNICOS

Como os brasileiros, os hispânicos das Américas também têm resgatado arduamente o carma de suas ações na formação do Novo Mundo.

Costuma-se dizer que a chegada dos descobridores aqui foi algo "casual", como querendo sugerir que foi Deus quem os guiou para cá, até para justificar os atos de barbárie cometidos. Os mal-intencionados valem-se amiúde de tais subterfúgios.

Mas o certo é que nenhum país europeu estava preparado para aquilo que encontraram, e o empreendimento do Novo Mundo custou muito a ser concluído. Os primeiros colonizadores das Américas foram os degradados, para fazerem o "trabalho sujo" inicial.

Mas o trabalho era muito, e ainda hoje existem territórios intocados pelo homem branco, seja físico ou espiritual. Uma certa política de respeito vem sendo porém adotada, tendo em vista a fragilidade dos povos nativos e o grau de destruição já ocorrido.

O *carma* hispânico foi especial porque contataram povos com ricas heranças culturais. O temor de ressurgimento de movimentos autócnes reivindicativos e até capazes de influenciar a juventude europeizada tem acompanhado a história pan-americana. Os acontecimentos de Chiapas, ou o fenômeno-Castañeda que levou o governo mexicano a impedir a publicação de seus livros até que o seu "carismático" mestre Juan Matus houvesse morrido, estão talvez longe de se reproduzirem na América do Sul, e talvez o episódio mais importante ocorrido por aqui tenha sido mesmo o das Missões Paraguaias.

De modo que a tarefa do extermínio cultural e étnico tem sido vista como necessária para proteger os valores culturais impostos. A tendência do conquistador é a de denegrir os conquistados, mesmo que tenha de distorcer os fatos.

A Riqueza da Diversidade

Os povos hispânicos da América Latina têm uma tarefa especial no conjunto do Continente. A multiplicidade de nações hispânicas gera uma verdadeira *escada cultural*, iniciando no México e culminando no Chile ou na Argentina, passando pelos países centro-americanos e andinos centrais.

Essa diversidade responde pelo aspecto *lunar* do Novo Mundo, necessário para "polarizar sem disputar" com os grandes blocos nacionais.

Por isso, os povos hispânicos também realizam uma *ponte* entre os dois grandes Poderes continentais situados na América do Norte e na América do Sul, ou sejam os Estados Unidos e o Brasil.

Apesar de diversificado, o mundo hispânico é muito vasto, sendo o Espanhol uma das línguas mais faladas no planeta. Aliás, a língua espanhola é considerada relativamente acessível, e está se tornando rapidamente a segunda língua mais importante do mundo, depois do inglês. Isso se deve, é claro, ao crescimento da influência pan-americana no mundo. Até por isso, se Portugal uniu grandes regiões, a Espanha unificou muitas partes do mundo com sua língua.

Se ler português é difícil, ler e escrever em espanhol é muito fácil aos lusitanos. Assim, a língua espanhola surge como um intermediário entre o mundo que fala inglês e o mundo que fala português. A literatura hispânica é vasta graças à massa de leitores que possui, geralmente dedicados e de boa qualidade. Nisso o Brasil entra com certa desvantagem, porque o espírito tropical nem sempre é muito solícito a expansões culturais, ou senão ao estabelecimento de estruturas mais complexas. O apelo externo é geralmente muito forte e a necessidade de não mover bases para que o barco naufrague.

No contexto sul-americano as duas almas também se completam. Se a alma lusitânica se move pela energia da razão, a alma hispânica se move pela força da paixão. Em termos gerais, o português é calmo, contemplativo e conciliador, e o espanhol é ativo, dinâmico e segregativo.

Essa diversidade está configurada nos 60 graus de latitude por 30 graus de longitude que ocupa a América meridional no seu setor hispânico. Os 12 países formam blocos naturais que podem ser agrupados em três ou quatro nações. Por isso um dos principais símbolos dessa estrutura é o *tetraedro*, o sólido de quatro faces triangulares.

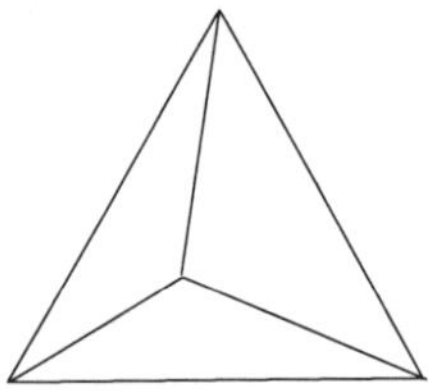

O setor hispânico também será responsável pelo desenvolvimento racial na Nova Era. O valor do cidadão hispânico na América do Sul traz uma nota justa para as empresas humanas necessárias ao Novo Mundo, da mesma forma como a unidade brasileira e seu ecletismo proporcionam uma visão de síntese favorável à maestria e às altas realizações do espírito.

CAPÍTULO 12

O SEBASTIANISMO NO BRASIL

Para muitos analistas o brasileiro possui um espírito messiânico e patriarcal. A vocação *reinol* do Brasil nasceu com a chegada da Coroa e a implantação de seus mitos para este território ultramar.

Analisaremos a seguir o mito sebastianista e sua importância no processo de formação nacional, o que certamente requer olhar para a vinda da famíla real para o Brasil.

A Grande Mão do Destino

Destino único no "Novo Mundo", o Brasil teve a peculiaridade de ser não apenas um Reino, mas diretamente a própria sede de um Império ultramarino, após o inusitado episódio do translado da Casa Real para esta longínqua colônia no ano de 1808, sob o calor das guerras napoleônicas.

Assim, se Napoleão não criou Repúblicas nas Américas, auxiliou muito na criação de Estados e Reinos.

Quando a ex-colônia do Império Lusitano salvou a pele da

Coroa, elevou-se à categoria de Reino Unido do Brasil, Portugal e Algarve, o Império Luso-Brasileiro.

Foi o suficiente para que o país não se rebelasse contra os antigos maus tratos dos ex-colonizadores, antes "adotando" a Casa Real que, de resto, teve de trabalhar muito para dar feições de civilização a esta vasta e desconhecida região. Então não seria uma oportunidade de melhoria, ter o patrão vivendo na casa dos ("ex-")empregados?

Amainadas as coisas, o Imperador retorna a Portugal, deixando seu filho na regência do Brasil, não sem antes avisar seu representante que, em caso de surgirem pressões pela Independência, que fosse o seu sucessor a proclamá-la. Pois é claro que doravante os brasileiros não aceitariam deixar de ser sede de um Reino, e muito menos de ser soberano, como voltariam a pretender as cortes de Lisboa.

Com a abertura dos portos brasileiros, o Estado Colonial havia sido deixado atrás de roldão *na prática*, e as únicas perspectivas que serviam eram de maior liberdade. Daí veio a Independência, curiosamente não com a *redução* a Reino como seria o caso, mantendo-se antes a fantasiosa denominação "Império Brasileiro". Vê-se portanto que o jogo de imagens nasceu junto com a nação. A mera dimensão do país jamais justificaria tal denominação. Inexistiam Reinos anexos ou subordinados, mas "Províncias" que tinham Presidentes.

É também verdade que a Casa Real deste "Império" independente (na verdade ainda bastante vinculado a Portugal), tampouco assumiu com muita determinação sua vocação pan-americanista. Sintomaticamente, a Marquesa de Santos foi a preferida apenas de maneira íntima e circunstancial, para compensar as frustações do Imperador. Quando a Imperatriz morreu (de desgosto), se foi buscar novamente nas cortes européias a substituta, e com maior diligência que antes. Assim que foi encontrada uma pretendente européia ao gosto do Imperador (que não era brasileiro de nascimento) e da tradição européia, o "produto nacional" foi deixado de lado. Nem ao menos o culto regente do "Segundo Império" prestigiou-o, mantendo antes a tradição do casamento cortês, porque os vínculos institucionais mantinham-se mais fortes que os geográficos.

Dom Pedro II foi um homem que, de um lado, fortaleceu as antigas instituições mostrando-se sábio, e de outro enfraqueceu-as com sua abertura à modernidade. Apenas a República assumiria um aspecto modernista, embora na prática o Presidencialismo sempre tenha tido dificuldades de se expressar.

Pode ter faltado sabedoria política no apego dos "Imperadores" brasileiros ao Velho Mundo. O Brasil estava politicamente isolado no Novo Mundo porque não tinha diretamente vizinhos monárquicos para realizar alianças locais. Mas poderia seguir a política de Portugal, casando-se o Imperador com uma nobre espanhola, fortalecendo os vínculos com seus vizinhos hispânicos. O casamento de dom João VI com a espanhola Carlota Joaquina podia ter em vista a harmonia nas colônias. Mas os "imperadores" brasileiros, desinteressados dessa política, olharam para regiões longínquas, enquanto as guerras fronteiriças acirravam os ânimos com a Espanha. Cada vez mais a Coroa brasileira ia se distanciando da realidade regional, e tinha de resolver com as armas essas questões.

No fundo, a grande pátria nacional era a *língua*, fator de unidade regional, o que naquelas circunstâncias era ainda uma virtude, porque nas vizinhanças sequer isto seria respeitado: as lutas ocorriam por meras razões políticas. O caudilhismo absolutista era a regra.

Portugal tinha seus próprios problemas, entre eles o de manter seus territórios – e a linhagem lusitana. A Coroa era um símbolo de soberania, e ela esteve ameaçada por várias décadas.

Cabe analisar o sebastianismo para compreender este quadro que marcaria tão profundamente a alma luso-brasileira.

Dom Sebastião foi um rei aventureiro que, por fanatismo religioso, chegou a pisar em território africano para combater os mouros, naquela que foi a última das Cruzadas, sendo porém morto e jamais retornando, gerando com isto uma expectativa mítica.

Sua morte em 1578 ocasionou uma crise na dinastia portuguesa, que chegou a sofrer interferência espanhola em sua linhagem, até a Restauração feita pelos Bragança em 1640.

O sebastianismo foi, assim, o mito da busca pelo Graal nacional.

Com as guerras napoleônicas os Bragança tiveram que fugir de Portugal. Perante o novo agressor francês, era necessário preservar o sangue, e a solução momentânea foi a fuga.

Mas, com o translado da Casa Real para o Brasil, o povo português sentiu novamente a dor da ausência real e o sebastianismo foi reacendido com força, na população temerosa de ver-se novamente sujeita ao domínio estrangeiro. O povo exigiu o regresso do Rei.

Enquanto isso o mito era transladado para o Brasil. Será coincidência que a cidade do Rio de Janeiro, Capital do Império Luso-Brasileiro, e depois apenas do Império Brasileiro, fora devotada a São Sebastião, um mártir cristão (identificado ao orixá Oxossi nos cultos afro-brasileiros) com o mesmo nome de *El-Rey* desaparecido? Ao que parece se trata de uma forma *sutil* de associação.

O fato é que a Casa de Bragança sempre cultuara conscientemente o popular mito, que afinal tanto lhe significava. Havia sido com o apoio do povo que a linhagem lusitana fora restaurada.

O sebastianismo teve uma força histórica impressionante, inicialmente em Portugal e depois no Brasil, onde chegou a gerar movimentos populares, como alguns julgam ver no de Antonio Conselheiro, francamente monarquista. O padre Antonio Vieira também desfraldou essa bandeira, e havia pensadores que diziam ser a alma lusitana essencialmente sebastianista.

O sebastianismo parece ter marcado fundo a alma nacional. O rei heróico haveria de voltar, haurido de glórias, porque afinal sua causa era justa. E os justos merecem a ressurreição.

Porque razão um mito fincaria fundo no inconsciente coletivo, se ele não expressasse a própria essência de uma cultura?

O sebastianismo se confunde com o cristianismo no terreno colonial. A aspiração e a esperança exigem essa fusão e essa releitura, porque a História traz a marca da realidade, que no entanto carece do mito e da profecia para ser enriquecida e completada. O povo queria um salvador, mas identificado num patriota.

Não fosse essa profunda ressonância popular, a jovem República não teria dado tanta atenção àquele reduto de miseráveis que era Canudos. O Conselheiro via os republicanos como usurpadores e anarquistas. "República" era para ele o novo nome do Agressor e até do Infiel, aquele que destitui a Coroa abençoada. Ainda hoje existem sebastianistas no Nordeste, e certamente o espírito expectante político, fundido à religiosidade cristã, é parte importante da alma luso-brasileira.

É interessante observar que uma das formas de se referir ao Dom Sebastião esperado é como "O Encoberto". Como se ele pudesse ressurgir com outras formas, ou até mesmo de maneira oculta ou irreconhecível em sua essência, provável forma lusitana do mito do rei moribundo ou ferido, que há de voltar, apesar de morto-vivo, semelhante a mitos do ciclo do Graal e até mesmo ao do Buda-adormecido, Maitreya.

Certas instituições jamais estiveram realmente solidificadas no Brasil, como é o caso da Democracia. A República se instaurou mas a seqüência de golpes em sua história foi a regra. A única diferença com a Monarquia é que na República ninguém tem linhagem e nem futuro político assegurado. Inexiste história e tradição – como de resto nem seria próprio. A política republicana é por regra *acidental*, ao passo que a monárquica é *cultivada* de berço. Um rei existe *para* o povo e *por* ele governa. E isto toma a forma de uma educação especial, não se tratando de aventuras e incidentes.

Aliás, Dante chamava a Democracia de *demagogia.* E com sabedoria, Tomás de Aquino dizia que a Monarquia pode ser tanto o melhor como o pior sistema de governo. O pior já se torna Tirania, invertendo o princípio do rei enquanto servidor do povo, verdadeiro mediador divino.

A Democracia estabelece um clima de disputas endêmicas, verdadeira enfermidade social de conseqüências nefastas que impedem toda a organicidade. Pior parecer ser a República, sobretudo num contexto em que já não se pode fiscalizar as ações dos eleitos. Unir República e Democracia é como reunir duas mulheres: não dá frutos. A solução é manter a unidade do Estado e a partir disso empregar os partidos como instrumentos.

A alma brasileira está longe de ver na República a resposta para as suas aspirações. O povo não leva muito a sério o "voto", e renega a sua obrigatoriedade.

Daí surgem os oportunistas que se aproveitam de uma aparente indiferença que, no fundo, apenas reflete o espírito sebastianista, a espera do Redentor e do Guia Iluminado, do Patriarca, enfim. As instituições são impostas e os cargos devem ser preenchidos. Mas raramente o povo participa ativamente de qualquer forma de movimento, golpe ou revolução. O voto obrigatório é uma forma de forçar a participação, porque do contrário a abstenção seria tão maciça que não apenas a Democracia, mas a própria República se veria em cheque. A fraqueza da democracia seria evidenciada, mas os políticos não vêem outra saída.

No fundo o povo prefere entregar a Deus o destino da nação, até por uma desilusão que poderia se tornar ou revelar crônica, e as instituições teriam forçosamente de ser revistas. E então, da mesma forma como oscila o jogo dos partidos na experimentação dos governos, os próprios sistemas haveriam de ser cambiados e experimentados.

Por ora se mantém a Monarquia numa aura de sistema extemporâneo. O voto é apresentado como uma necessidade para a consolidação das instituições, quase como uma ameaça contra algo que jamais serviria de alternativa. Monarquia e Tirania são postos no mesmo balde de excentricidades ou desumanismos. Mas também se poderia encontrar forças obscuras buscando mascarar a sua própria presença através do voto...

Por isso, não raro, o paradoxo e a ilegitimidade têm imperado. Houve um tempo em que o País mostrava uma face de Império sem Reinos. Depois, tantas vezes, tivemos Repúblicas sem votos, assim como votos sem Presidentes. Não se duvide que exista até Rei sem país...

O gosto do povo pela imagem imperial se revela nas Escolas de Samba, cujos nomes quase tem se tornado uma regra chamar “império”. A atração da alma popular se revela ali, na festividade fugaz do Carnaval, como se todas as alegrias pudessem ser resumidas nesta imagem de luxo e fantasia.

Existe uma mentalidade de que apenas o Cristo pode governar o Brasil. Isso tem raízes sebastianistas, e certamente muito fundamento.

Seja como for, não há dúvidas de que o Império da Moral deve um dia governar este país. Não seria o caso de se constituir um Império como tal, e transformar os Estados da Federação em Reinos – coisa que a dimensão territorial e seu contingente populacional até justificariam, se comparados com outros.

Ocorre que, à luz da atual evolução histórica, e tendo em vista a consolidação das fronteiras, é preciso ter um Plano mais amplo, onde o Brasil se ache *integrado* ao restante da América do Sul.

O Brasil pode, sim, vir a se tornar um grande Reino e até mesmo sediar um Império Subcontinental, que teria como centro natural a região onde as heranças portuguesa e espanhola se fundem com perfeição, ou seja: o Sul do País, mais precisamente, no estado do Rio Grande do Sul, sede do pangauchismo.

Lá a política e a cultura Subcontinental seriam orientadas, regidas pela mais pura e elevada das Instituições, a da *Sucessão Apostólica Universal*, base para o "Reino de Deus".

Seria, portanto, na verdade um Império de Luz e Perfeição, recriado após a Vinda do Cristo e a reforma das Instituições, inclusive dos cultos.

As nações do Subcontinente seriam elevadas a Reinos ou pemaneceriam como Repúblicas, onde a base de sua política cultural seria irradiada a partir do *Território de São Pedro* – antigo e adequado nome do estado Rio Grande do Sul, que deve ser readotado na forma de um novo Vaticano.

As vantagens nacionais seriam imensas, por deter dois Centros em seu território: o do Reino, em Brasília, e o do Império, em Porto Alegre. O Brasil cederia, de certa forma, a soberania sobre o estado gaúcho em favor da solidificação da unidade Subcontinental, mantendo porém os vínculos básicos de língua e história. E o novo Estado Pontificial se tornaria foco de todas as esperanças, não apenas nacionais, mas continentais e até mundiais.

A tão buscada "Unidade Subcontinental" seria alcançada. A imagem do "Império Brasileiro" passaria a ter fundamento. E o sebastianismo coroado do povo teria por fim suas aspirações atendidas.

Tal coisa não é mera utopia e nem mesmo "simples" profecia, pois baseia-se em fatos que já se acham em pleno andamento, podendo até caminhar agora para suas etapas finais com o apoio da população e das lideranças que já existem.

CAPÍTULO 13

A MISSÃO DO BRASIL

O Brasil é um país *sui generis* no panorama mundial, e ele entrará em evidência com a chegada de seus 500 anos de existência, uma vez que este ciclo sempre demarca importantes transformações e amadurecimentos.

Nesses anos se realizará uma profunda reflexão sobre o Brasil, seu passado, presente e futuro, e certamente os místicos também têm muito a dizer sobre um tal país, quem sabe até oferecendo as verdadeiras *chaves* para o seu destino...

O Carma Sagrado ou *a Preparação do Templo*

O Tibetano declarou que a Personalidade do Brasil é de 2º Raio, de Amor e Sabedoria (que é também o Raio do Instrutor do Mundo, o Cristo). E que a sua Alma é de 4º Raio, de Harmonia-Mediante-o-Conflito; dois Raios com parentescos e de mesma polaridade.

Assim, o Brasil expressa uma face exterior amorosa e hospitaleira, capaz de receber a todos em seu generoso e amplo seio.

Seu povo tolera a opressão e a exploração, manifestando grande fé e paciência. Isso se deve não apenas a sua grandeza ("calma que o Brasil é grande", diz o povo), mas também ao seu Raio de Alma.

Nesse aspecto, o Brasil possui uma essência integradora que revela uma predisposição para o sacrifício, para as artes, para a mística e a transcendência, para o amor e o romance, para a "Alma", enfim. E o fato é que ele tem vivido a sua "paixão" com a resignação de um mártir, perseguido simplesmente por sua pureza e vocação superior.

Por sua grandeza e vocação, o Brasil é um país líder no mundo, despertando zelos em seus "parceiros" mais próximos. Por isso nosso país sofreu tanta perseguição durante a Guerra Fria, que para muitos foi a Terceira Guerra Mundial. Apesar de ter apoiado os Aliados durante a Segunda Grande Guerra, o Brasil também foi um país martirizado. Tal como o Herodes judeu ou o rei Kansa hindu que temiam perder o trono para o rei profetizado, nossa alma foi sacrificada e nossos jovens e intelectuais foram amplamente perseguidos, deixando o país sem suas "cabeças", sem suas lideranças.

O Capítulo 12 do Apocalipse descreve uma situação simbólica muito sugestiva. Uma mulher ensolarada com a Lua sob os pés e cercada por 12 estrelas é perseguida por um dragão, porque ela deveria dar à luz um varão destinado a reger as nações. Ele então fugiu para o deserto – o deserto da resignação – onde ficou por um período de 1260 dias. Essa cifra é também apresentada no capítulo 11 como 3,5 anos ou 42 meses. Jesus ficou 3,5 anos na cruz, mas por extensão seu carma sagrado ocupa 42 anos. Na Bíblia o período clássico de expiação é de 40 anos. Como se sabe, as tentativas golpistas iniciaram-se no começo da década de 60, gerando um período de crise institucional e também de quebra da confiabilidade do sistema até o final do século.

Com isso, no espaço de uma geração, o espírito brasileiro foi profundamente mutilado com as intervenções culturais realizadas durante a ditadura (como as impostas pelos EUA), de fundo capitalista, inchando as cidades e esvaziando os campos. E em muitos casos, a bondade da alma brasileira deu lugar a um espírito de indiferença e inconseqüência. De fato, o Brasil foi especialmente injustiçado nesse contexto, e o filme "Brazil" ilustra bem o espírito de "inocência aviltada" de sua juventude. Mas é preciso reconhecer que havia também muito carma histórico a resgatar, e isso foi combinado ao seu carma sagrado.

Assim, enquanto tantas cabeças inocentes eram ceifadas naquela geração, uma parte dos jovens felizmente optaram pela "fuga para o Egito", isto é, para o universo da mística, em vez de insensatamente insistir nos caminhos abortados. E entre esses estaria Aquele que viveu completamente o drama sagrado em sua própria existência, no cerne de todo este doloroso processo cultural.

Essa é uma das formas de se identificar a chegada de um Profeta. Um Profeta é um ser completamente vinculado à História de seu povo. Por isso, tudo aquilo que Jesus viveu, de certa forma Israel também viveu. E não vamos aqui explorar a idéia de que o nascimento do Cristo de uma virgem pode ser relacionado ao signo solar do Brasil, que é o de Virgem, ou que a mangedoura humilde estaria relacionado a um país rural e pobre.

Assim, o povo não deve se considerar abandonado, porque no mesmo momento em que se iniciava este período crítico, também nascia o Redentor. O Brasil deveria expiar o seu próprio carma, que é afinal muito pesado, porque o genocídio realizado durante a sua história levou milhões de almas. Apenas depois de expiado esse carma é que a sua salvação poderia ser alcançada, com a ajuda de um guia iluminado.

Por isso, quase ousaríamos comparar esse período à peregrinação dos hebreus pelo Sinai, guiados por Moisés. Porém seria melhor dizer que esse processo recém começa em nosso dias, com a revelação do Ungido, no mesmo momento em que o país completa os seus 500 anos de idade. É Ele quem iluminará os caminhos do Brasil, e muitos já depositam as suas esperanças unicamente nisso.

Se estudarmos os anais ocultistas veremos que o povo do Brasil é um verdadeiro *povo eleito*, a exemplo dos antigos judeus, e talvez ainda mais. Uma "raça-de-ouro" se caracteriza pela síntese de todas as raças anteriores e pela geração de um novo espírito cultural, caracterizado pela tolerância e pela criatividade. Vale lembrar que a nação sagrada das profecias será um "povo tirado de muitos povos".

E todo o povo eleito sofre o carma sagrado, sendo obrigado a se voltar para uma dimensão superior. Ele não poderá alcançar e manter sua soberania enquanto atender criteriosamente o seu destino superior. Tal coisa ficou fartamente ilustrada pela história de Israel, cujos ciclos de destruição do templo eram de 500 anos, o chamado "ciclo da Fênix" dos egípcios.

Território Continental

Outro aspecto especial é a grande dádiva de unidade cultural e territorial, considerada quase milagrosa. Pode-se viajar muito aqui dentro sem problemas de línguas ou fronteiras, conhecendo regiões muito distintas entre si. Não há uma "Babel" de línguas nesta parte do mundo, mas uma uniformidade e uma ordem surpreendentes, em que pesem os seus dramas sociais.

Mas esta vasta extensão necessita ser conquistada aos poucos. Em sua evolução histórica tem alternado os focos de interesse, e por isso o Brasil já teve três Capitais, sempre em distintas regiões. A primeira Capital brasileira foi no estado em que o país foi descoberto, a Bahia. O Nordeste foi o primeiro foco econômico do Brasil. Ali estavam as grandes fazendas e plantações. Isso durou todo o período colonial. Mas com a transformação do país em Império, uma nova Capital foi escolhida, o Rio de Janeiro, mais ao sul, e quem sabe mais ao gosto dos portugueses. Essa etapa correspondeu a uma sofisticação da cultura nacional. Mais tarde a Capital foi transferida novamente, dessa vez para o centro do país, sete graus para cima. Brasília representa um caso à parte porque envolve aspectos bastante complexos, sobretudo a nível político. Mas, apesar de sua região não ser a mais auspiciosa em termos continentais, é preciso reconhecer que no contexto brasileiro ela representa uma região central, tanto em termos de longitude como de latitude. E para um país como o Brasil essa opção tem a sua importância e o seu sentido. O Segundo Raio da Personalidade do Brasil se enquadra na energia da região central. E se Brasília se destina a promover o encontro das partes, ela também segue exigindo muito do conjunto da nação, através dos sacrifícios imputados ao povo. Além disso, esse enfoque corresponde a ver o país como uma *mandala*, com suas cinco regiões, ou, como demonstrou o Vaticano, como uma *cruz* (as cinco estrelas do Cruzeiro, as cinco pontas da estrela republicana). Tal simbologia confirma a numerologia em questão e o espírito de sacrifício.

Nesse sentido, o território brasileiro também ocupa uma área e uma posição muito interessantes no que se refere a certos aspectos essenciais a uma formação cultural íntegra. Por sua extensão e posicionamento, o país apresenta determinadas condições essenciais para a formação de uma grande civilização.

Pois, apesar de tudo o que se diz dos Trópicos, é tradicionalmente muito importante que um país sagrado integre as áreas que vão deste o Equador até o centro do Hemisfério, em torno do paralelo 30, pois assim abarca uma gama muito vasta de energias e tendências. A Geografia Sagrada demonstra que cada região possui a sua própria vocação, matizando a cultura a seu modo. Assim, os 10 primeiros graus atendem pelos aspectos materiais, os 10 graus seguintes pelos aspectos psíquicos e os últimos 10 graus pela natureza mental. Os dois únicos países do mundo atual que possuem essa distribuição são o Brasil e a Índia, e nessa última se pode observar a caracterização das três grandes correntes do Budismo – o Hinayana ao sul, o Mahayana ao centro e o Vajrayana ao norte – em perfeito acordo com tais atributos. Adiante vamos aprofundar essas semelhanças.

As três Capitais do Brasil, analisadas nos Capítulos seguintes, demonstram uma analogia com esse quadro, gerando um triângulo em torno de Minas Gerais (como uma *Tríade Espiritual*), estado que é o *verdadeiro coração espiritual* do país, e não é por acaso que a sua bandeira ostenta um triângulo de sangue, exaltando a liberdade, ainda que tarde – o que vale para todo o país, sem qualquer dúvida.

Até porque a triangularidade é também um símbolo nacional. Além de alcançar os 30°, o país apresenta um formato triangular (como a Índia) ou, se se preferir, *cônico*, forma esta muito sugestiva no que se refere aos processos de evolução de energias, tais como aquele das iniciações, e nesse caso, de uma forma muito ampla e completa. Pois a verdade é que o território brasileiro (e a América do Sul em geral) é em si *uma grande metáfora do Avatar*, porque reproduz perfeitamente os processos e ciclos divinos, ou seja, é o Mesocosmos que reproduz o Microcosmos e o Macrocosmos.

O Mesocosmos

Os 33 graus que existem abaixo do Equador são como os 33 anos de iniciação do Cristo. Somados aos 38 graus de longitude, temos os 72 anos do grau do Grande Ano de Platão e que fazem a idade-padrão do Homem Arquetípico. Acrescentando-se ainda os outros 6° de latitude Norte, totalizam a correspondência com os 78 Arcanos do Tarô.

Note-se que, se a latitude sul chega ao grau 33, a longitude sul inicia no grau 34, sugerindo uma continuidade de processos, embora diferenciados. O ciclo de "verticalização" (latitudes) é o interno, iniciático e de ordenação, e o ciclo horizontal (longitudes) é o externo, irradiante e de missão.

Além disso, se olharmos a América do Sul como um Zodíaco, a linha do Equador divide o conjunto em dois grupos de seis países, tal como se dividem os 12 signos. O Brasil, com suas 5 regiões, é como os 5 planetas que regem os signos, além do Sol e da Lua, que apontam antes para os dois grupos, o Sol para a unidade brasileira, e a Lua para a diversidade hispânica. Sugestivamente, no grupo de 12 países, 2 deles não fazem fronteira com o Brasil, um ao norte (o Equador) e outro ao sul (o Chile), situados nas extremidades dos grupos, poderia-se dizer.

Entre os maias, havia 13 céus, encimados pelo deus supremo Hunab Ku. Os 13 países sul-americanos são como as 13 iniciações do Cristo, em seus três ciclos: místico, sagrado e divino, os quais lhe ocupam 12 anos, 3 anos e 1 ano, respectivamente.

Uma Vocação Sagrada

Os signos sagrados sempre estiveram próximos ao Brasil. As 23 estrelas de sua bandeira representavam originalmente os 22 Estados e mais o Distrito Federal. O Alto Egito tinha 22 províncias, número dos Arcanos Maiores do Tarô. Hoje temos 26 Estados, um número cosmológico, sendo o valor cabalístico de IHVH ou Jeová.

Tais fatos demonstram pois sobre os enormes potenciais do Brasil e a responsabilidade dos brasileiros, não apenas perante seu próprio futuro, mas até mesmo perante todo o planeta. Este é o carma de uma raça eleita, ou seja, servir como um degrau para toda a evolução mundial, uma vez que todas as raças deságuam ali para formar uma nova humanidade.

O Tibetano declarou que o "lema nacional" é "Eu escondo a semente". O epíteto de "gigante adormecido" evoca a Maitreya, o "Buda adormecido". Pois este despertar deve ocorrer já nesta mudança de milênios, através das celebrações de seus 500 anos e da chegada de seus grandes mentores espirituais predestinados. Os brasileiros devem assumir a sua vocação espiritual e universalista e adotar formas de organização compatíveis com os valores sagrados.

O Brasil e a Índia

O Brasil e a Índia são dois grandes países com muito em comum.

Inicialmente, ambos se destacam pelo milagre da convivência de diversas etnias e religiões, dentro de seus vastos territórios.

O português e o hindu encontram-se entre as línguas mais faladas no mundo.

No campo da política internacional, ambos também se caracterizam de forma à parte. O Brasil através de uma política de pacifismo, não-interferência e não-beligerância (com exceções, como em Angola – o país africano de língua portuguesa –, durante o regime militar). E a Índia, com uma postura digna e independente, comandando o Bloco dos Países Não-Alinhados com o Primeiro Mundo (Capitalista) e com o Segundo Mundo (Socialista).

A pluri-etnia de ambos resulta em grandes desafios, mas também enriquece essas culturas. Na Índia o conceito de casta tem se misturado ao de cor, e nas Américas isto não tem sido muito distinto. No Brasil se pretende haver maior integração entre as raças, e isso é parcialmente verdadeiro.

Um aspecto importante que aproxima esses países é o da posição geográfica. Ambos situam-se em regiões semelhantes nos Hemisférios que ocupam. Índia e Brasil, apesar de diferirem totalmente de Hemisférios (a Índia está no Norte e no Leste, e Brasil está no Sul e no Oeste), ocupam as latitudes que vão desde a faixa do Equador até o paralelo 35, aproximadamente.

Tal fato, envolvendo três áreas geográficas definidas, possibilita uma variedade climática e cultural muito grande. Essa amplitude geográfica, tanto quanto a diversidade étnica, são essenciais à formação de uma grande civilização. Expressa a existência de um cosmos, ou de um Todo com múltiplas possibilidades. De modo que tal variação oculta princípios arquetípicos, traduzidos por Serge Raynaud de la Ferrière como zonas culturais, de modo que a faixa do grau 10 se caracteriza por uma cultura material, a faixa do grau 20 por uma cultura psíquica, e a faixa do grau 30 por uma cultura de fundo mental.

É possível observar realmente que, na Índia, o Budismo tem se dividido em três expressões fortemente relacionadas a tais zonas geográficas. No sul situa-se o *Hinayana*, com sua base físico-disciplinar; ao centro surgiu o *Mahayana*, de características compassivas; e ao Norte desenvolveu-se o *Vajrayana*, amplamente técnico e ocultista.

Na página ao lado temos um paralelo visual desta similitude. O quadro seguinte demonstra pois as semelhanças das posições geográficas do Brasil e da Índia, cada qual em seu Hemisfério. As divisões setoriais estão demarcadas por acidentes geográficos de altitude, embora a tendência das cadeias brasileiras seja a de seguir os movimentos *longitudinais* da formação sul-americana, ao passo que na Índia os processos geológicos deram-se geralmente em sentido *latitudinal*. Nota-se então que o *peso* territorial incide de forma distinta em cada caso, uma vez que, se na Índia a maior massa está nas latitudes altas, no Brasil a maior massa está nas latitudes baixas. Por essa razão colocamos triângulos complementares em cada caso.

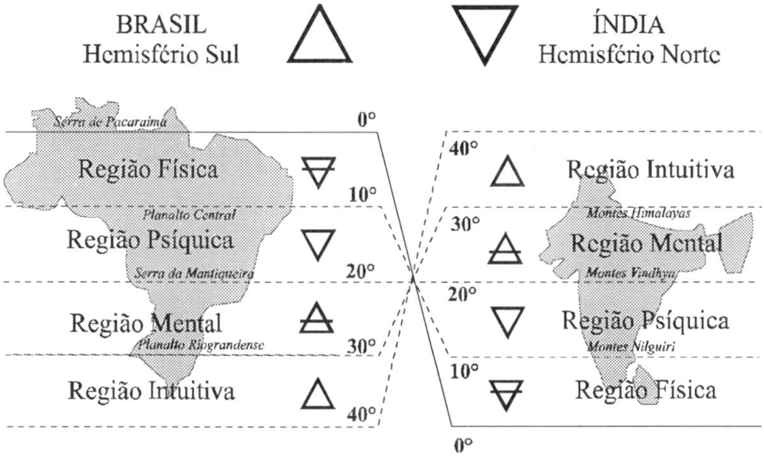

Outrossim, é interessante observar que a maior carga de *água*, em termos de costas marítimas, situam-se em ambos os casos a partir do Equador, indo até os Trópicos, ou seja, dentro da faixa "zodiacal" que os Antigos comumente simbolizavam pelas águas. Também poderíamos comparar geograficamente as duas grandes ilhas marítimas que existem nessas regiões, Sri Lanka (ex-Ceilão) na Índia e Marajó no Brasil, sendo que esta última foi formada sob a influência do Rio Amazonas.

A Índia, com seu formato de coração, tem seu epicentro geográfico em torno dos Montes Vindhya, e o Brasil no seu Planalto Central.

Capítulo 14

O PORTAL DOS TRÓPICOS

As cidades dos trópicos trazem normalmente consigo uma mística própria, por sua localização privilegiada, cercada por belas e produtivas regiões. Tornam-se assim pólos de atração social, focos de migração para as populações de áreas menos favorecidas.

O país tem assistido um sistemático processo de desenraizamento do homem do campo, cujas dificuldades naturais têm sido agravadas pela política nacional de latifúndios, ocasionando o crescimento e até o *inchamento* das grandes cidades.

Brasília tornou-se atração em função disso. As matas amazônicas são invadidas por camponeses em busca de terra barata, servindo apenas para abrir caminho a futuras pastagens. Com sorte, o ex-proprietário de uma gleba poderá se tornar peão do futuro latifúndio.

A cosmopolita São Paulo tornou-se, assim, não apenas a maior cidade da Améica do Sul, como o grande centro econômico do país e também a capital cultural do Brasil (da mesma forma que Porto Alegre é a capital cultural da América Latina).

E o Rio de Janeiro é o eterno cartão postal nacional, portão de acesso ao país e atração turística internacional, com seus mega-carnavais, dividindo com São Paulo a característica de pólo cultural nacional. A problemática social é no entanto grande ali, pelas razões já citadas e por não existirem pólos industriais suficientes para assimilar a população excedente, que se avoluma nas favelas dos morros.

Mas traz também em seu histórico o fato de haver sido a capital do Império e da República. Isso explica em parte haver criado certos vínculos *intuitivos* com o extremo sul.

Rio de Janeiro foi a capital do Império Luso-Monárquico. Brasília é a capital do Império Brasileiro-Republicano. E Porto Alegre será a capital do Império Americano-Teocrático.

Da mesma forma como Porto Alegre tem uma vocação polar e central, irradiando virtudes, São Paulo e Rio de Janeiro têm a missão de trabalhar o arco-íris na congregação dos elementos.

O Trópico é a região chamada *Portal do Caminho do Arco-Íris*, abrindo toda uma vasta área denominada "Região-Jardim", que culmina no paralelo 30, através de sete graus geográficos. É o Jardim do Éden ou *Jardim do Sol*, como também a chamamos. O Éden sumério estava circunscrito a isso, assim como o Aryavartha dos hindus.

Numa abordagem clássica, os Trópicos são o limiar de energias e o portão para uma vasta área potencialmente ideal, devendo-se configurar ali importantes Centros de apoio, até preparatórios. O caráter central-superior começa pelo próprio símbolo do Trópico, que é a base da Montanha da Luz, o Meru, Shambhala etc.

A partir do Centro solar irradia-se o arco-íris da luz sagrada. A área inter-tropical (ou Equatorial) é, por sua vez, simbolicamente a Atlântida, região dominada pelas energias zodiacais simbolizadas pelas águas. Além dela começa a cultura "Polar" ou hierárquica. Pode-se situar a Região-Jardim (que é uma zona-de-proteção espiritual) como compreendida pelos paralelos 20 e 40 (em especial, deve-se observar que tudo o que ultrapassa os 20 pertence já à escala dos 30).

O Jardim do Sol, centrado em Porto Alegre (30°), abrange 4 Capitais federais que se apresentam como pontas de um mandala ou cruz. São elas: Montevidéu, Buenos Aires, Assunción e Rio de Janeiro.

O Rio é uma ex-capital federal, republicana e imperial. Se relaciona por isso a Brasília e a Porto Alegre, Capital Imperial do Novo Reino, que abrange as áreas do Cone Sul para formar o Império de Nova Albion.

A Região Sul forma uma unidade própria. Com relação ao Rio Grande, os habitantes de São Paulo e Laguna (assim como do Paraná) contribuíram sobremaneira na formação do Estado, vindos juntos aos de Sacramento, das Missões e do Reino de Portugal. O espírito bandeirante foi muito importante na consolidação das fronteiras do Sul, da mesma forma como ampliara-as no sudeste.

Em certo sentido (não apenas geográfico), São Paulo está ainda mais perto, e até já fez parte da Região Sul, sendo seu *status* de outra Ordem. É, por exemplo, da natureza de cidades continentais ou interiores, com sua analogia com o trabalho interno ou em termos de *Ordem*.

Mas é hora de colocar claramente a realidade de que, por mais que a Astronomia e a Geografia sagradas tenham as suas verdades e analogias, *o verdadeiro centro é o Mestre.* Como diz S. R. de la Ferrière, onde se reúne o Conclave da Direção Espiritual do Mundo, ali é Agartha. Os sufis e os chineses chamavam os Adeptos de *Ketub*, "eixo", em analogia com o eixo do mundo. Mas não basta existirem Mestres para que o mundo seja aprumado: é preciso que eles estejam no coração do mundo, dirigindo as Instituições. Somente assim o mundo estará com seu eixo *retificado*, aprumado novamente.

Por isso as grandes respostas estão inicialmente ali, no paralelo 30. Os Trópicos representam a orla dessa energia e a consolidam.

Capítulo 15

UMA UTOPIA CHAMADA BRASÍLIA

O fenômeno político e urbanístico chamado *Brasília* tem atraído a atenção do mundo reiteradas vezes. Desde seu planejamento, o projeto seria alguma coisa de inusitado na História moderna, por sua forma e conteúdo: a criação de uma Capital federativa relativamente isenta de matizes regionais, e plantada no seio do cerrado brasileiro, uma região semipovoada e ainda pouco explorada pelo homem.

Muitos são os aspectos que chamam a atenção ali. As condições geográficas são peculiares naquele planalto de amplos horizontes. O clima é ameno e as redondezas apresentam atrações naturais de grande beleza e variedade, além da rica tradição folclórica presente na velha terra de Goiás.

Na vida do cidadão comum de Brasília, a cidade-administrativa, dois elementos se destacam: de um lado a *política*, e de outro o *misticismo*. Fatores que se pode reconhecer como interligados, embora no caso de Brasília por razões bastante peculiares.

A fundação da nova Capital, criada especialmente para funções administrativas como alguns centros imperiais da Antiguidade, atenderia ao que se diz ser uma proposta política complexa. Pretendia-se integrar o país, e talvez proteger melhor o Governo no interior do vasto território nacional – segundo alguns, de seu próprio povo. Esse caráter isolacionista e futurístico tenderia a fomentar profundamente a mística do projeto naqueles que deles participaram e que ainda o fazem, corroborando a "profecia" de Dom Bosco que apregoava o surgimento de uma grande cidade em pleno coração do cerrado, farta de riqueza e poder. "Brasília" também é um nome tirado do passado, pois é como chamavam ao Brasil nos tempos coloniais.

É claro que o projeto foi repleto de falhas, em parte face à inevitavelvente baixa qualidade técnica empregada nessas obras, em que o imediatismo político sonhou resumir cinqüenta anos de trabalho em apenas cinco. Não é somente por sua arrojada arquitetura que o sonho de Juscelino é observado no exterior: é também por sua perecibilidade e outros aspectos que fazem de Brasília uma cidade definitivamente estranha e artificial, com imensos vazios e distâncias enormes para uma população reduzida.

Na verdade, o sonho chamado Brasília é apenas um capítulo dentro da própria história de excentricidades do país que centraliza, igualmente permeado por largas projeções e esperanças, regadas pela generosidade de sua gente miscigenada e pela extensão de seu território. Enfim, um mundo em preparação formando algo novo para o futuro do planeta. Nesse sentido, Brasília é uma metáfora do Brasil, uma espécie de "sinfonia inacabada", diríamos.

A Capital também centraliza a própria tragédia brasileira, na medida em que, logo após sua inauguração, no ano de 1960, tentou-se um golpe militar que foi provisoriamente abortado pela resistência nascida em outra importante cidade do país, Porto Alegre.

De modo que não tardaria para que a "nave" nacional (e Brasília tem em si a forma de avião ou ave) caísse nas mãos dos generais, dando início a um período obscuro e terrível para a nação. O próprio isolamento da Capital Federal tem sido apontado como um fator predisponente para atitudes dessa natureza. E segue daí a pouca responsabilidade que os políticos parecem sentir ali, distantes de suas bases eleitorais. Acaso seu caráter insular simbólico já não está sugerido em seu nome Bras-*ilha*?

Esperanças de futuro ou evasão de expectativas? Brasília permanece uma incógnita e talvez assim permaneça por muito tempo, se depender de sua condição.

Afinal, a que fim poderá conduzir um experimento arriscado dessa natureza?

Muitos entrevêem a resposta para isso na própria mística criada ali. Analisemos, pois, a questão.

Desde a sua fundação, essa mística se encontra presente na já mencionada profecia de Dom Bosco. Mas se o próprio Brasil é jovem e um país em formação, sempre é dito como "o país do futuro", Brasília surge como um verdadeiro símbolo de tudo isso, um supremo ato de coragem e testemunho: uma cidade sem passado, almejando ser o coração do futuro!

Utopia pura? Em grande parte sim, já que, necessariamente, todo o futuro carece de ser construído sobre um passado. E levará algum tempo ainda para que Brasília crie maturidade.

Toda a projeção que se encontra por detrás disso inspira ao misticismo, ao além, ao imponderável e ao irracional. Por isso é também uma espiritualidade sem bases ou raízes, como se observa na novidade de seus cultos, e sobretudo na ausência de ética manifesta pelos políticos que ali residem – em geral temporariamente, o que tampouco parece bom para um enraizamento de qualquer natureza. Aliás, diz-se que os políticos "fogem" de Brasília sempre que podem, e não apenas porque desejam rever suas terras, mas porque ali "ninguém quer viver". Tudo ali soa como um projeto inacabado, sempre desafiando a paciência e a imaginação de seus habitantes.

Brasília não parece a capital de um país real: é o coração de um sonho – ou de um pesadelo, diriam alguns.

É um fato que o amadurecimento da vocação aparece apenas sob condições predeterminantes e que o tempo pacienciosamente trabalha. No caso de Brasília, onde tudo seria praticamente enxertado, o processo apresenta positivamente um curso peculiar.

Seria de interesse buscar a verdadeira origem antropológica

do misticismo de Brasília e adjacências, já que seu outro aspecto, o político, é mais facilmente identificável.

Pode-se mencionar, nesse sentido, o efeito cultural obtido pela congregação de toda uma população reunida a partir de distintas partes, transplantadas de seus solos de origem e despidas de suas raízes culturais, no contexto de um largo e pouco conhecido projeto cultural. Em poucas palavras, boa parte desse misticismo resultaria da *desnaturalização* dos indivíduos num novo solo, sendo a mística o substituto natural do folclore e do telurismo –, aliada à imperiosidade de novas combinações face ao encontro de culturas ali verificado, dentro de um contexto hipoteticamente futurístico e inovador – e é claro, *central* dentro de uma grande nação...

Sobre o primeiro desses aspectos, cabe ver que as tradições regionais como o folclore, representam raízes culturais profundas e alimentam de forma insuspeita à alma de um grupo. No caso do desvanecimento dessa base telúrica, o vazio deixado deve ser preenchido de alguma forma. É por essa razão que as bancas de revistas do Distrito Federal estão repletas de literatura mística para consumo imediato. As pessoas anseiam pela novidade e por soluções íntimas. Quer dizer: Brasília é uma cidade nova no mais amplo sentido do termo, *desesperadamente* nova diríamos, a ponto de sua ausência de alma (ou de sentido) fazer dela a recordista de suicídios no país; em que pese a sua reduzida população.

Eventualmente, seu clima cultural pode inspirar novas soluções, até como forma de dar sentido à cidade.

A única coisa que poderia justificar Brasília, é um projeto imperial ou monárquico bem fundamentado, onde certa reclusão seria necessária. Mesmo assim a cidade deveria ser completada com jardins, bosques e residências.

Apenas a presença de um Estado imperial-solar no Brasil poderia absorver tal estrutura e justificar a sua existência – isso é: se for recomendável haver uma Capital solar naquela latitude. O caso de Cuzco é distinto porque havia experiência prévia e se tratava de montanhas.

Existem no entanto formas de viabilizar tal idéia. Numa delas, Brasília se relacionaria estreitamente com a futura capital do Império Solar Sul-Americano, Porto Alegre, cidade que também tem se destacado nas áreas da espiritualidade e da política, mas de forma natural e amadurecida porque seus elementos ecléticos e viris foram sendo forjados pelos séculos. Dela, Brasília receberia elementos e orientação, e eventualmente até fundiriam de algum modo suas energias, num plano de cooperação majestoso e único para o mundo futuro.

Capítulo 16

O PLANO NACIONAL

Como o Brasil destaca-se no cenário mundial da Nova Era, é muito importante que sua vocação seja compreendida como o modelo internacionalizante que representa; pois pese estar ainda caminhando em direção a uma perfeição interior; desde o ponto de vista mundial o contexto nacional representa algo de extraordinário, pela forma como aqui convivem pacificamente as diferentes raças e crenças.

Obviamente, os problemas internos ainda assomam-se em muito, e será somente na medida em que venham a ser resolvidos, que o país despontará como aquele augusto modelo de esperança pelo qual o mundo aguarda.

A resolução dos problemas nacionais passa necessariamente pelo dimensionamento de suas potencialidades. Isso significa saber valorizar as vocações das diferentes regiões, sobretudo naquilo que apresentam de específico como contribuição ao cenário nacional e mesmo internacional.

Nesse sentido, cada região (e mesmo estado) apresenta virtudes e também deficiências próprias, elaboradas a partir de diferentes elementos históricos e mesmo arquetípicos: é muito importante que se tenha em mente esse processo, dadas as dimensões e variedade do contexto nacional.

Por vezes, esses temperamentos (que podem também misturar-se) derivam da formação histórica ou dependem da constituição geográfica, algumas mais e outras menos favorecidas.

Mas é certo que cada região ou estado deva apresentar por si um quadro razoavelmente estável, como forma de explorar sua vocação, já que do contrário esta possibilidade poderia ficar comprometida. Por outro lado, ninguém deve ter a ilusão, no panorama nacional, de que qualquer região ou estado estaria apto a munir-se mais amplamente de autonomia. O verdadeiro privilégio é a potencialidade de uma crescente integração.

Deve-se lembrar que Deus jamais concede tudo a todos, porque a auto-suficiência tenderia a alimentar o egoísmo e o individualismo, gerando as guerras, o orgulho e o caos. Pelo contrário, é o reconhecimento das próprias limitações e o espírito de colaboração e fraternidade que trazem as grandes alavancas da unidade e do progresso. Aliás, uma época como a nossa, de reconhecimento global de culturas, apresenta uma vocação direcionada à integração universal.

O fundamento para a consumação desse processo reside em se conferir uma autonomia relativa a cada região, assim como o apoio central à vocacão de cada área. Essa é uma fórmula apta a permitir o desenvolvimento e a expansão.

Pois, na medida em que a autonomia seja alcançada nas questões fundamentais, permitindo um equilíbrio local, a vocação característica de cada região expande-se naturalmente. E à medida em que venha a ser reconhecida nacionalmente como tal, o quadro começa a aproximar-se de uma real perfeição, e a predestinação emerge por fim, forjada sobre os mais diferentes elementos do cosmos.

Num olhar sobre o contexto nacional, surgem com evidências algumas vocações. É de grande evidência, por exemplo, aqueles aspectos mais materiais. Assim, questões como a economia e o turismo ficam amplamente associados num primeiro momento a estados como São Paulo e Rio de Janeiro.

Outra espécie de turismo muito em voga em nossos dias, é aquele de natureza ecológica, onde o lazer cede em parte lugar a uma terapia. Nesse caso, as condições mais propícias se encontram no Pantanal e na Amazônia, onde localiza-se a maior floresta tropical do planeta, com a mais rica flora do mundo.

Para as questões artísticas, devemos buscar as regiões onde sua expressão alcance uma universalidade, como na cultura baiana e mineira, que constituem verdadeiros pólos de equilíbrio e integração. Também se deve valorizar o rico folclore da regiões Centro-Oeste e Nordeste.

E como um último aspecto, coroando o lado mais propriamente cultural, queremos evocar a questão da política, como uma vocação amadurecida em determinadas regiões do país. Referimo-nos à dignidade com que tem sido exercida pelos gaúchos ao longo da história, dada a própria constituição sociocultural em que se encontra inserido o estado, na mais dinâmica fronteira nacional.

Seria sobre este quadro algo sutil que estaríamos mais inclinados a digredir, seja pela familiaridade em relação ao mesmo, seja face a sua importância dentro do cenário nacional e até continental. A verdadeira política representa o mais sintético dos elementos, em relação ao qual participa a própria espiritualidade, através de uma expressão ética própria a indivíduos formados dentro de uma cultura viril e disciplinada. É por essa razão que no extremo sul se encontra também o principal celeiro de vocações religiosas do país, segundo a Igreja Católica, já que essa mesma nobreza de alma favorece o enfrentamento das agruras interiores. Tudo isso deve-se em grande parte à posição geográfica que ocupa o Estado. O Paralelo 30 representa a linha na qual o clima é o mais rico e variado possível, proporcionando um caráter muito equilibrado às populações que ali vivem.

Por isso nessa faixa situam-se os grandes focos de civilizações solares, centros das Idades de Ouro planetárias, como um rápido estudo da História pode demonstrar. E tal coisa se deve à síntese cultural ali alcançada.

E embora tais fatos sugiram a oportunidade da transferência do centro político nacional para essa região, sua verdadeira vocação aponta para um outro destino, não menos augusto que a unidade nacional, e que se revela intrinsecamente unido a ele: a criação de um Parlamento Sul-Americano permanente na área, dada a natureza histórica central da região. Com isso ficariam representados e equilibrados os governos continentais, sobretudo se este Parlamento for uma Ordem profundamente legitimada sobre preceitos **sagrados**, expressão de um *Pontificado Universal*, amadurecido na cultura gaúcha com sua natureza transfronteiriça, elo de ligação entre as principais forças do Subcontinente.

Nada do que emerge em cada nação e cultura é gratuito, sendo por isso necessário o fator tempo para gerar cada situação. Tampouco se concederá nada gratuitamente, mas uma vez verificadas as potencialidades, seria criminosa a omissão, já que tais tendências são vitais e sagradas em todos os casos. Deve-se a isso, por exemplo, a atual miséria nacional, pois não se tem dado ouvidos aos políticos sérios.

Deve-se buscar um equilíbrio relativo em cada região, mas sem a ilusão de uma completa autonomia, sobretudo quando se encontram em jogos os potenciais de uma grande nação e continente.

Será apenas na focalização de elementos que se revelem **perfeitos** – e portanto universais –, que o verdadeiro reconhecimento será alcançado.

Disse alguém que para onde fosse o Brasil iria o mundo. Afirmamos que o mesmo se estende ao conjunto do Subcontinente. Sendo o Brasil uma espécie de imagem mundial resumida, certamente suas transformações se refletem no cenário mundial. Porém, para isso devemos na prática buscar um processo mais próximo, no elo de ligação continental que representa a cultura pan-gauchesca.

Embora a integração continental já em curso represente uma expansão internacional, não se deve pensar que está fora de propósito para a ordem nacional, uma vez que também a diluição das fronteiras representa um imperativo para uma nação solar. Uma ordem mais augusta seria impossível sem isso, a ponto de comprometer a estabilidade em toda a região potencialmente envolvida no processo.

Restaria definir a natureza da ordem a ser implantada no país e em toda a região. Muitos blocos mundiais estão se agrupando economicamente, entre eles o Mercosul. O **Cone Sul** deverá ser amplamente unificado, com a geração de um Parlamento onde sejam adotadas profundas fundações espirituais-hierárquicas, constituindo um governo continental dirigido pelos Mestres de Sabedoria, conforme é o plano divino.

Todavia, as iniciativas deverão ser localizadas, o que significa que o processo deve ter início nas micro-regiões envolvidas, para logo ampliar-se para o território nacional, até que todos se mobilizem em favor da unidade com a região central, a partir de alegadas bases históricas comuns e fundamentos universais demonstrados.

As bases se encontram implantadas para isso, e quando chegar o momento as polarizações políticas serão transladadas rumo à cultura mais característica do Cone Sul – a pan-gaúcha – e por isso naturalmente favorável à sua integração.

Para isso, esse processo que tem início precisamente nesta micro-região, necessita estender-se à toda a nação, que deve reconhecer a excelência político-religiosa ali manifesta, e adotar os expoentes eleitos e preparados pelo *Criador,* em favor de uma organização política, religiosa e social justa e iluminada, o que representará a execução de um programa cultural *solar* de cuja perfeição todas as nações desejarão beber e até imitar.

O contexto em que se acha inserido esse processo é o da implantação de uma nova humanidade, semeada no passado e que emerge na atualidade, com seu amadurecimento histórico na América do Sul, mais especificamente no Cone Sul. Sua 1ª sub-raça (uma expressão de 1º Raio) é a cultura gaúcha, onde já existe uma forte conscientização da importância do caráter cultural autócne alcançado.

Assim, se a nação brasileira é a reunião e a coroação do mundo antigo, a cultura pan-gaúcha representa a primeira nobre expressão racial emergente no Novo Mundo, trazendo à humanidade uma nova virtude coletiva. E esse fato vem a ser sinalizado pelo próprio Criador, na medida em que faz surgir ali expressões espirituais de âmbito mundial. Diante disso, a única atitude sábia da humanidade será pronunciar o "seja feita a Tua Vontade", a fim de que o plano global venha a ser consumado em todas as partes, a partir dessa semente áurea.

A gênese, o desenvolvimento e a consumação de todo esse processo, destinado a gerar uma nova humanidade e a possibilitar um novo passo na história do homem (redimindo-o da atual condição de crises e impasses generalizados), depende de que cada um assimile e se mobilize pela sua realização. A época da humanidade expectante e "adormecida" culmina em uma nova sociedade ativa e "desperta" (ou ressurrecta), apta a realizar as coisas superiores, dentro de uma Era positiva onde a Hierarquia espiritual ressurge para dirigir e iluminar os passos da humanidade.

Sob este guia, apenas os céus serão os limites.

CAPÍTULO 17

O SABAT DIVINO

Tendo Deus criado a todas as coisas em seis dias, no sétimo "descansou", diz o Gênesis. O Paraíso corresponde ao "repouso divino", que é na verdade o abandono dos esforços de criação. Essa idéia bíblica originou na tradição judaica o *sabat* ou repouso no sétimo dia da semana, e diz respeito às condições perfeitas alcançadas neste momento de culminação e completude. Na ioga, é dito que o sétimo centro (chakra) abre-se espontaneamente após a conquista do sexto. E o mesmo pode ser aplicado a qualquer outro circuito evolutivo: o Sete vem a ser, por assim dizer, a transcendente Perfeição alcançada mediante a reunião das partes obtidas e congregadas.

O ciclo setenário de evolução é, portanto, sempre universal, porque dele todos participam de algum modo. Um Mestre – em especial um Avatar – é tanto *fruto* de uma raça de síntese, como *semeador* de luz junto a esta humanidade. A luz global reúne-se ali, nessa raça de síntese, e corresponde à transformação das diversas raças, mescladas entre si no plano de geração de uma Nova Humanidade.

Na simbologia universal, encontramos sempre reunidas essas

duas realidades. Adão é o Protótipo divino que vem ao mundo na época do Paraíso, ou seja: quando a Civilização atinge o seu auge. É quando uma Raça-de-Ouro emerge como síntese de todas as outras.

A sétima sub-raça da presente raça-raiz é a *brasileira*, o cadinho racial mais perfeito do planeta. Nessa verdadeira Raça-áurea constituída pelo tempo, se manifesta a Hierarquia de Luz e, guiando-a, o Novo Adão, o Cristo *verdadeiro*, posto que, como dizem os islâmicos e os budistas, Jesus não foi um Cristo real, mas um Profeta-Maior (Maha-Chohan). Mas este Cristo que vem agora, chamado Buda Maitreya pelos budistas e Iman Mahdi pelos muçulmanos, representará de certa forma um Ser da mesma linha de energia de Jesus (6º Raio), ou uma "reencarnação" deste, esotericamente entendida.

A conquista da Perfeição alcançada na culminação de um ciclo racial traz consigo a paz e a harmonia universal. Sem esforço, os homens alcançam os melhores frutos (no Paraíso, o "pão" é ganho sem suor, na linguagem bíblica), porque detém em si as potencialidades de todas as realizações. Mas para isso necessitam de um Modelo primordial, de um sol de luz espiritual para tudo alumiar. E ele certamente surge nessa ocasião. Esse Protótipo serve de Guia racial e de Modelo para a definição da ordem social, conjugal e iniciática, posto que Ele a tudo contém. É o Microcosmo que refaz todas as coisas, renova todos os princípos áureos e restaura, assim, uma Tradição sagrada.

A nova Raça-de-Ouro, a brasileira em particular, tem sido provada e contemplada com a bênção divina. Ela deve compreender seus desígnios, sua condição de nação *chamada* pelo Mais Alto para compor uma nova Humanidade de Luz. Deve por isso definir-se segundo os padrões áureos de organização, para dar realmente lugar ao Surgimento divino em seu seio. Grande e insubstituível é sua responsabilidade, assim como a de cada brasileiro.

Cabe lembrar que na vinda de cada Avatar acontece a "matança dos inocentes", o que faz parte do carma sagrado, em sua expiação e purificação. Toda uma geração é politicamente perseguida pela Loja Negra, e isso acarreta a extirpação das lideranças, simbolizada pela decapitação das crianças. Então o

Predestinado "foge para o Egito", simbolizando a busca de "caminhos alternativos", no caso, a espiritualidade e o esoterismo, identificados pelos hebreus à terra egípcia como fonte de todo o saber oculto superior que possuíam desde Moisés, o sacerdote egípcio-judeu. Tudo isso foi vivido por essa geração, inclusive as dores sagradas do Mestre encarnado.

Então, que todo esse sofrimento possa não ser em vão, pois todas as cartas da história *estão* nesse complexo jogo que não pode e nem deve se repetir. Que a luz de Deus chegue a todos!

PARTE III

A Estrela
ou
o Elo dos Pampas

Capítulo 18

O ESPAÇO E O TEMPO

A "Estrela" é a terceira parte de uma trindade, como o Espírito Santo e como o filho gerado da união de um casal. É isso que representa culturalmente o Cone Sul e os Pampas em especial, frutificação de um rico processo de gestação cultural coroando os movimentos da História.

Pois no seio desse processo têm emergido vários focos culturais definidos. Na linguagem esotérica tradicional, o Brasil representa a Sétima Sub-Raça Árya que encerra o ciclo humano anterior, ao passo que a cultura Pampeana é a Primeira Sub-Raça Americana, dando origem positivamente a uma nova Humanidade. É como na lenda do arco-íris que guarda o pote-de-ouro no seu final.

Mesmo fisicamente, os Pampas foram um território essencial para o desenvolvimento da vida no planeta. Damos início agora a uma análise sumária do universo pampeano, seu espaço e seu tempo, suas origens e destinação, desde a sua formação geológica até a completa domesticação da natureza e a geração de uma nova cultura superior.

Formação da Terra: *a Economia dos Ventos*

O pampa é acima de tudo o *território dos ventos*. As planícies não só favorecem e canalizam as correntes aéreas pelos paredões andinos, como também sofrem por causa delas importantes influências na sua economia biológica e geológica.

Nunca será demais enfatizar a importância dos ventos na formação dos pampas. As areias trazidas pelas marés agitadas pelos ventos oceânicos representam a base sedimentar desse solo.

A formação do litoral gaúcho e platino – apresentando a maior extensão de costa reta do planeta, e seria ainda maior sem a irresistível "intervenção" dos rios Paraná e Uruguai, formando o Rio da Prata – pode ter sido apenas a última página desse processo. Um dia o oceano pode ter banhado os próprios contrafortes dos Andes. Afinal, sabemos que o Chaco ou Pantanal já foram mares interiores.

À parte, é claro, a imensa massa de terra da erosão da própria Cordilheira. Os Andes atuais são o resultado de uma grande elevação de terra, verdadeira dobradura nas camadas tectônicas (daí tantos vulcões), que foram lapidadas e condensadas até chegar às condições de hoje.

Muita terra desceu para ambos os lados, e a existência do Altiplano e das Punas é um exemplo do que ocorre quando a terra não é dispersa pelas chuvas e pelos ventos. O planalto tibetano tem a mesma origem, no caso dos Himalayas.

A presença dos Planaltos Brasileiros altera radicalmente a economia dos ventos, chegando a interferir na própria formação dos Andes. O Planalto Central gera um ambiente distinto do pampeano, pois, embora baixo, mantém parte da umidade original.

Note-se que o fenômeno dos Chacos está na mesma linha das grandes fossas oceânicas do Peru, assim como do Altiplano e das Punas.

Esta dobradura do espinhaço andino, gerado pela pressão extra do Planalto Central Brasileiro – um dos solos mais antigos do planeta e certamente uma grande ilha na antiguidade – modificou a natureza das coisas.

Nas costas do Pacífico não permaneceram grandes extensões de terras, isto é, entre as Cordilheiras e o Oceano. Parte dela retornou às profundezas, inclusive tapando fendas geradas pelas elevações. Os Andes Patagônicos são os mais baixos e erodidos. E os fiordes chilenos são típicos de uma região sem ventos oceânicos importantes.

Afinal, é do lado oriental que surgem tais ventos, trazendo os sedimentos arenosos. Os Pampas propriamente ditos situam-se acima da Patagônia, à altura da Baía Blanca (ou seja, pelo paralelo 40), onde se dá o alargamento da Argentina. Ali já recebem os benefícios dos ventos oceânicos, com mais chuvas, sendo por isso verdes os Pampas, e não áridos e elevados como o centro da Patagônia, ou não férteis como a maioria dos vales.

O fim da Serrra do Mar ou do Planalto Atlântico, ao norte do Rio Gande do Sul, permite que os ventos marinhos adentrem o continente.

Mas a sedimentação pampeana também está relacionada à própria direção em que se move a placa tectônica sul-americana. Os Himalaias se formaram através de um processo dessa natureza, de certo modo mais superficial, mas nem por isso menos grandioso.

Aqui temos portanto o panorama da formação dos Pampas. É natural então que tenham servido como uma espécie de *rampa* de acesso para a vida em sua evolução superior.

A Evolução da Vida

Os oceanos foram certamente o ambiente original da vida, como um ventre da Mãe-Terra. Mas ao deparar-se com as campinas imensas, como o reflexo mais próximo do antigo oceano, a vida quis tornar-se terrena.

Ali os anfíbios sentiram-se inspirados a ensaiar os primeiros passos, e os hesitantes caminhantes desejaram correr. Ir mais longe seria voar. Contemplando as montanhas, os répteis alçaram então suas novas asas para povoar também os ares.

As campinas sem fim colaboraram na formação e na multiplicação dos grandes répteis, dando origem a variadas espécies.

Com a multiplicação das espécies e a diversificação da cadeia alimentar, os próprios descampados passaram a representar uma ameaça contínua à sobrevivência animal.

A vida sentiu que seria importante verticalizar-se, para poder subir em árvores, e pegar frutos e folhas. Ao mesmo tempo percebeu que as patas dianteiras seriam mais úteis como *mãos*. Uma das primeiras vertentes desse processo resultaram nas *aves*, com as quais a humanidade apresenta portanto certo parentesco. O nhandu ou ema é um típico produto de todo este processo, tendo ficado a meio-caminho entre o animal terrestre e o voador. Não extinguiu-se porque é veloz, vegetariano e de certo porte, adaptando-se com perfeição ao ambiente.

As visões de Conan Doyle sobre o "Mundo Perdido" não foram portanto assim tão despropositadas, ainda que a floresta Amazônica seja bastante recente. Pela teoria corrente, o "golpe de misericórdia" aos grandes répteis teria sido dado por um grande cometa caído no Golfo do México, formando seus contornos. O impacto gerou uma gigantesca nuvem de poeira que cobriu o Sol por muito tempo, matando a maior parte da vegetação, e dessa forma apenas os pequenos sobreviveram.

Ainda assim, a evolução das espécies não é o resultado da mera "adaptação ao meio ambiente" como se costuma afirmar de forma tacanha. Geralmente, essa adaptação é apenas o meio pelo qual a vida evolui em sua aspiração de progresso e de liberdade.

O Pampa surge então como um elo na organização do cosmos, o ambiente criador intermediário entre o céu e o oceano, ponto de equilíbrio de uma verdadeira cosmologia água-terra-ar, cuja síntese destina-se a gerar o elemento maior: o fogo, isto é, a cultura superior, o *homem*. Mais uma vez, o elemento central é aquele no qual a harmonia criadora trouxe os melhores resultados.

Por isso a América do Sul pontifica como um dos lugares em que surgiu o ser humano. E os povos que ali se desenvolveram também refletiram em seus espíritos e em seus corpos essa desenvoltura – os Patagões eram verdadeiros gigantes, habitantes do exuberante extremo sul do Subcontinente – fornidos pela abundância de caça, pesca e frutos, mas sobretudo satisfeitos com o ambiente *humano* por excelência que os cercava, apto como nenhum outro a ser domesticado e a servir como campo virginal para as artes originais da civilização, como a agricultura e o pastoreio, e portanto para fomentar a inteligência e inspirar o grande dom humano: a *esperança*. Isto é: a evolução tornada um projeto consciente, e dando origem à *Civilização*.

A Domesticação da Natureza

Os Pampas favoreceram aspectos importantes da evolução do homem. Para o ser humano, a existência das campinas livres era um elemento favorável. Andando em grupos, raramente um animal o atacaria. Por sua vez, o homem podia espreitar, desde a borda de um capão ou de uma mata ciliar, a presença de alguma "caça" a pastar ou a beber água.

Qual a origem da vegetação pampeana, especialmente os pastos?

Vimos que a região pampeana é, no geral, a parte onde atua a economia dos ventos orientais. Isso significa que seu solo é basicamente arenoso, embora tenha sido enriquecido, existindo até regiões bastante férteis quando interagem outros fatores.

Além disto, o frio e o vento endêmico não favorecem a diversidade biológica, inclusive a vegetal. Assim como os ventos marinhos do Atlântico ("Nordeste"), os ventos gélidos do sul ("Pampeano", "Minuano") tampouco trazem muitas sementes, e nem existem tantos pássaros para semeá-las. É a típica solidão das estepes.

Mas também é muito possível que as queimadas, prática tão comum quanto antiga na América do Sul, tenham sido um dos recursos para manter os campos "limpos". No Planalto Central Brasileiro a vegetação adaptou-se a esse procedimento, e as árvores de pequeno porte são resistentes ao fogo; mas nos pampas isto não teria ocorrido.

De resto, a maior parte dos povos indígenas vivia junto às lagoas do litoral, onde havia fartura de pesca. Apenas tardiamente adotaram o hábito da agricultura, trazido da Amazônia, ou da região Centro-Oeste, onde o solo sempre foi mais rico.

A chegada de outros povos, se de um lado trouxe um impacto fatal às antigas culturas, de outro lado trouxe elementos importantes para a completa domesticação da região. O emprego do cavalo e o uso ostensivo das pastagens para a criação de gado representaram uma nova situação cultural, na qual as potencialidades do meio ambiente eram finalmente aproveitadas em sua plenitude, gerando riquezas e uma cultura efetiva.

Espaço: *o Continente*

A cultura pampeana ocupa uma vasta área geográfica, tendo suas raízes profundamente associadas à tradição vaqueira, que se desenvolveu quase naturalmente através dos amplos campos que caracterizam a geografia do centro-sul do Subcontinente – os *Pampas*.

A palavra vem do quêchua *panpa*, "planície, pradarias ou estepes continuadas com certos montículos intermitentes" (Dicionário Quéchua-Espanhol). Mais baixo que a *puña* ou o altiplano, o *panpa* origina nomes como Urubamba, Vilcabamba e Cochabamba.

Os pampas sulistas são, em sua imensidão, como um reflexo verde do céu – um "mar de esmeraldas" no dizer de Pedro Goyena –, semelhantes a oceanos, onde vaga livre este *centauro* como tem sido chamado o gaúcho.

Evoluindo para uma forma mais cosmopolita, a cultura gauchesca conta hoje com várias capitais importantes, estados e até nações inteiras, como a Argentina e o Uruguai.

O estado do Rio Grande do Sul está no centro de tudo isso, seja por fusionar várias raças – sobretudo as almas ibéricas (hispânicas e portuguesas) –, como pelo fator paralelo 30 (centro hemisférico) e outros.

É devido à riqueza de influências a que está submetida que Porto Alegre é a grande capital do "gauchismo", um movimento que tende cada vez mais a se expandir.

A vocação cosmopolita da cidade e sua função central na região e mesmo no Cone Sul é hoje uma evidência, com a chegada do Mercosul e outros fatores culturais que evoluem paralelamente.

É ali que a cultura gaúcha foi amplamente assumida como um *estilo*, adaptando-se aos tempos e locais. É também no Rio Grande do Sul que o *espírito gaúcho* foi adotado como uma proposta cultural, mais que meramente um "acidente étnico", graças ao *refinamento* a que desde cedo esteve sujeito por aqui. Como resultado, apenas no estado o "gaúcho" se tornou um emblema de cultura universal, projetada para o futuro. Por isso, consideramos que o vasto espaço gauchesco *tem* realmente um centro histórico, natural e até místico, gerado por uma síntese de influências e por seu redirecionamento sábio.

Não é, todavia, a única fonte importante de cultura gauchista, até porque este fenômeno vinga algo informalmente como uma espécie de *identidade nacional* nos já mencionados países do Cone Sul. O gauchismo permeia quase tudo no Uruguai, e certos autores argentinos identificam no gaúcho a verdadeira expressão do homem nacional.

Mas o espaço do gauchismo não tem se limitado a essa região de origem. De forma mais ou menos natural, essa cultura vem se expandindo, não raro premida pela necessidade de encontrar novos territórios, resultado das potencialidades do seu espírito empreendedor, que comumente transforma regiões pobres em fortes pólos econômicos.

Por isso o gaúcho é bem-vindo. Até porque ele traz consigo uma série de tradições que cativam os habitantes das regiões onde chega.

Ao longo de sua extensão, o gauchismo sofre algumas alterações. Em seus limites no Mato Grosso do Sul, por exemplo, abriga uma forma de neo-gauchismo, misturada ao elemento caipira e também bastante receptivo ao caubói. Nas serras do Sul, o gaúcho adota pouco mais que certos *símbolos* e costumes tradicionais, especialmente o chimarrão.

O espaço gauchesco é finalmente o de sua própria alma, fortemente marcada por suas tradições e aspirações, forjada na dança das estações, nas vicissitudes de fronteiras irreais e no encontro dos acidentes geográficos mais distintos. Por isso o gaúcho leva consigo sua cultura e a implanta onde esteja, irradiando-a de forma flexível mas segura, criando fazendas mas abrindo porteiras tanto ao progresso como à tradição, enfim, dominando os elementos como talvez apenas ele sabe fazer.

E assim, sob o trabalho universalista do gaúcho, a expressão que designava originalmente o território do Rio Grande do Sul – "O Continente" – tende a cada vez mais se revelar profética, porquanto essa cultura destina-se a expandir-se e a fornecer uma nova identidade a todo o vasto continente sul-americano, e especialmente ao Cone Sul.

Tempo: *a Vigília*

À medida que espaço e tempo formam uma unidade (como sabe a Ciência moderna após Einstein), o tempo do gauchismo possui também uma dimensão tão ampla como a de seus horizontes geográficos.

Estamos falando é claro do tempo *psicológico,* enquanto estado de espírito, e também do tempo cronológico.

A idade do território pampeano é insondável, e cada vez mais existem evidências de que se trata de uma das regiões mais antigas do planeta. Graças à fartura e às facilidades biológicas existentes, parece que a vida ali floresceu em primeiro lugar. Os fósseis mais primitivos têm sido ali encontrados, e as maiores florestas petrificadas lá se acham.

Haveria de ter sido interessante ao observador dos tempos verificar a evolução da vida e a economia de subsistência alterando-se nessas vastas planícies, no encontro de vários ecossistemas. Mais importante ainda é verificar o impulso original que esse ambiente propiciou para a evolução da vida, até chegar às suas etapas superiores, conforme observamos anteriormente.

Por tudo isso os povos também ali se encontram em abraço fraterno. O gaúcho vem sendo formado pela soma de influências raciais. De fato, todas as raças contribuem na sua formação: branca, negra e índia (esta representando também a amarela, sua antiga ascendente).

Ao lado disso, em função do "casamento" ibero-americano

que resultou no gauchismo original, as duas almas também lhe conferem um caráter soli-lunar, equilibrado e flexível, capaz de gerir a força interior junto à delicadeza poética, numa síntese admirável.

E essa harmonia corresponde ao *tempo presente*, o "aqui-e-agora", no equilíbrio entre passado e futuro. É sobre essa base que se constroem os Mistérios da Eternidade.

O gaúcho é contemplativo, romântico e idealista – ou seja: a imagem da *vigília* não esmorece, mas se refina através da cultura.

Então, o tempo tem sido o grande patrono do gauchismo.

Nas imensidões dos pampas houve espaço para a generosa simbiose racial. É verdade que a política prescrevia "pureza" racial ao habitante da fronteira, especialmente ao soldado gaúcho, como forma de garantir a sua lealdade. Mesmo assim, em sua alma a miscigenação ocorria, e também no corpo, porque afinal a convivência dos povos era comum. Apenas o gaúcho da serra pode ostentar hoje um atestado de "pureza" racial, o que pouco representa face à *importância enriquecedora de certa mistura.* Não é a pureza externa que constitui o gaúcho como tal.

O importante, para o gaúcho, é compreender que em seu caso o tempo tem sido generoso, gerando um funil que mistura influências e tendências. Ele pode se considerar realmente a conclusão de um processo histórico, produto amadurecido na forja das raças nobres, porém, mais que epílogo, é o real *intróito* dinâmico e criativo para um novo ciclo de civilização.

Este impulso é próprio de uma mescla de fatores, e nos melhores casos, até do equilíbrio. Pois a força do gaúcho se revela de muitas maneiras, seja material, moral ou espiritual. Não necessariamene de forma positiva. O estado tem uma das polícias mais agressivas, um dos trânsitos mais violentos e é campeão em enfarte. Existe muita energia no ar e nem sempre ela é bem canalizada. É bílis e adrenalina, em parte estimuladas pelo consumo de carne e agravada pela erva-mate; em parte pelas crises por que passa a população, e ainda pelo atavismo gaudério e sua lida poderosa – para não falar da tinta muçulmana em sua origem algo remota. É também força moral gerada pela tradição e pela generosidade, pela amplidão e pela disciplina, é desejo e esperança. É poder espiritual buscando criar o futuro, semear a terra. É viver nos espaços também da alma, refletindo os campos abertos.

> *Os pampas são os desertos retintos de verde que os descendentes de Tárik encontraram em suas aventuras pelo Novo Mundo.*
>
> *Quase um milênio após a vitoriosa travessia do Levante, o sangue brioso dos bérberes e dos árabes refluiu novamente sobre as pradarias sul-americanas, redespertando a alma cavalariça sob a liberdade dos ventos nos horizontes sem fim.*

Todavia, no caso luso-brasileiro, é também o tabuleiro disciplinador das estâncias, elemento vital para a proteção das fronteiras, para o progresso econômico e para a harmonia campo-cidade.

Daí os impulsos instintivos que caracterizavam o gaúcho primitivo, o "centauro dos pampas". Comumente entregue à marginalidade apátrida e a uma liberdade sem limites, cedo teve que sujeitar-se no Rio Grande a um regime restritivo pela presença dos latifúndios, que de início tiveram o seu papel civilizador na proteção, na formação e na expansão das fronteiras.

Com isso, logo teve início o refinamento da alma rio-grandense. A sede irreprimível de liberdade não morreu, mas, aceitando o cabresto da História, passou a buscar sob qualquer forma os campos possíveis da liberdade. A vastidão dos pampas se introjetou em sua alma, revertendo em paixão e lirismo, idealismo e lealdade, dando origem ao *pampa interior*, que é a Alma gaúcha.

Tudo isso resulta numa combinação *sui generis* de tendências opostas, contrastantes e fortes, mas sempre necessárias.

Daí ser o gaúcho progressista e conservador, viril e poeta, graças ao estado de continência a que teve de submenter-se ao longo dos séculos, nesta que foi a única fronteira-em-armas permanente do Brasil.

É também uma verdade que o trabalho tem sido sempre a principal companhia dos gaúchos, tomando muitas vezes o lugar da atividade social e até do matrimônio, sendo nisso comparados aos cossacos, os cavaleiros solitários das estepes.

Por isso, o tempo do gaúcho é o da *vigília*. Os sul-brasileiros tiveram a missão de ser os eternos vigilantes das fronteiras. Desde as Serras é possível enxergar tão longe quanto o mar, e também contemplar os horizontes verdes das coxilhas. Mas por isso mesmo, eles também permaneceram atentos para muitas coisas mais...

E tudo isso tem sido coroado pela sacralização da região, realmente consagrada a uma síntese cultural ainda insuspeita em suas dimensões, destinando a transformar o Rio Grande numa área central por excelência, onde se encontram os povos na busca das respostas universais.

O Nascimento do Gauchismo: *o Futuro*

O bom peão é aquele que conhece o tempo pelos sinais que o anunciam, de modo que nada lhe pega desprevenido.

Atualmente, a cultura pampeana se acha em efervescência, e existem boas razões para isso. A emergência do Mercosul representa o impulso final, junto ao surgimento de forças culturais superiores que fazem a sua parte, aproximando também internamente as nações-irmãs.

O gauchismo se revela cada vez mais como uma *cultura* no sentido amplo do termo, uma tradição digna de ser cultivada e até disseminada, independentemente de suas bases territoriais. Tal coisa tem resultado na formação de uma verdadeira *filosofia*, com ricas nuances e amplas perspectivas, devido à imensidão de suas potencialidades.

Desde as suas raízes tradicionalistas, relacionadas ao folclore e aos costumes propriamente campeiros, até o moderno gauchismo espiritual, síntese cultural forjada pela fibra dos povos pampeanos e adjacentes, o Gauchismo é hoje um movimento eclético, dinâmico e promissor, capaz de assimilar uma rica variedade de elementos e prometer uma grande síntese. Natureza e civilização, força e poesia andam juntas nesta caminhada.

Em decorrência, temos assistido a um processo cultural tão complexo, destinado a despertar as potencialidades presentes no seio da cultura gaúcha, prenhe de dificuldades mas também de colheitas, sob o suor de um povo trabalhador e criativo.

Por tudo isso, ser gaúcho (e brasileiro) é cada vez mais um conceito cultural próprio, do que um elemento étnico limitado. É por isso que ele pode atravessar fronteiras internas e externas, tal como sempre se tem visto ocorrer nessa região. Sendo uma cultura recente, ainda está sujeita a um certo refinamento, de que o tempo há de se encarregar.

Capítulo 19

UMA NOVA RAÇA

A Raça Pampeana é uma realidade emergente, gerada na comunhão dos elementos, no encontro da lida campeira com os desafios da civilização, e do telurismo com a crescente globalização.

O que é ser gaúcho? É uma síntese bem especial, realmente. É força e poesia muito bem misturadas. A *Raça Gaúcha*, como já vem sendo apropriadamente chamada em nosso ambiente cultural, é resultado de um complexo encadeamento de fatores históricos e de miscigenação racial.

Érico Veríssimo, o grande escritor gaúcho, escreveu na coletânea "Rio Grande do Sul – Terra e Povo" que o gaúcho "talvez represente o principal cadinho racial do Brasil". E o Brasil é, em si mesmo, conhecido como a principal síntese racial e cultural perante o mundo.

Mas, nesse aspecto, uma das coisas mais importantes a ser dita a respeito do gaúcho, é seu caráter amplamente *continental*, sobretudo em termos de Cone Sul. Eis como descreve o termo o *Dicionário Enciclopédico Brasileiro* de Álvaro Magalhães:

Gaúcho: Nativo ou habitante dos pampas sul-americanos (Argentina, Uruguai e Rio Grande do Sul), em geral de ascendência ibérica, afeito à vida pastoril. Suas características morais são, de modo geral, a franqueza, a hospitalidade, o cavalheirismo e a altivez.

O escritor e jurisprudente Pedro Goyena, pertencente à "década de ouro" da literatura gauchesca argentina, que deu nomes como José Hernandez (*Martin Fierro*), Ricardo Gutierrez (*Don Secundo Sombra, Facundo*) e Estevão Echeverria (*La Cautiva* e *El Matadero*), via o gaúcho como a mais autêntica expressão do homem argentino. Escreveu ele em artigo intitulado "El Gaucho":

> *O gaúcho é o tipo original, característico de nossa sociedade. Nele se resume o que temos de nosso verdadeiramente. Por isto as produções literárias que podem com razão chamar-se argentinas, são as que descrevem o campo onde se desenvolve e atua.*

Este "gaúcho" a que se referia então era, e na Argentina ainda é, basicamente o homem do campo. Mas por seu valor intrínseco, um dia ainda haveria de expressar todo um ideal humano, no momento em que se tornasse o ser realmente cosmopolita a que estava destinado a ser.

Diz então o autor:

> *O gaúcho é uma bela manifestação da natureza humana, que se não a honra com monumentos levantados sobre a face da terra, com obras de ciência ou de arte, com a aplicação dos grandes princípios à organização das sociedades como o alemão, o inglês, o francês, o norte-americano, guarda nos recônditos de sua alma, virgens e potentes, os germens do homem do porvir. Lá, na extensão ilimitada dos pampas, discorre no brioso corcel, esse homem americano, varonil e terno, inteligente e audaz, que assimilando algum dia os preciosos elementos conquistados neste labor incessante dos séculos que se chama o progresso, será o digno cidadão da república futura, próspera e colossal.*

Certamente as coisas evoluíram desde então, e podemos afirmar que, se na Argentina a situação era ainda mais ou menos crítica, entre os gaúchos brasileiros esse ideal se achava já em avançado estágio de concreção (o que compartilhamos fortemente com os uruguaios). Que uma série de fatores, mesmo pesando contra nossa liberdade, dignidade e expressão, tem dado elementos mais que suficientes para essa realidade emergir.

Isso não significa que a República seja o seu mais augusto ideal, embora a situe na base das transformações históricas necessárias, tal como procuraram realizar mui precocemente os farroupilhas. Talvez uma República mais próxima a Platão, regida pelos sábios, seja o destino dessa região.

Capital desse movimento de cunho universal que começa já a se insinuar, o chamado "gauchismo", Porto Alegre é uma cidade que vem irradiando muitas virtudes e está destinada a se tornar cada vez mais um centro regional e até mesmo continental, com o avanço do Mercosul e outros fatores emergentes.

Nosso gaúcho, por sua riqueza histórica e humana, tem dado fartas mostras de excelência humana e racial. Bastaria mencionar tudo aquilo em que temos nos destacado. Por exemplo:

– a maior e a melhor vocação política-humanista;
– beleza do tipo humano nacionalmente reconhecida;
– vocação agrícola essencial;
– habilidade em ciência e tecnologia;
– principal foco de vocações religiosas;
– vocação ao labor e à empresa em geral;
– pioneirismo em movimentos ecológicos;
– cidades com a melhor qualidade de vida do Brasil etc.

Acaso tudo isso não aponta para uma verdadeira raça-de-ouro em potencial?

No entanto, devido a uma série de fatores, o Estado não tem comportado toda a riqueza humana que produz. A complexidade e o destino do gaúcho o tem feito migrar para outras regiões e até mesmo outros países. E se isso tem empobrecido o Rio Grande, tem também enriquecido aquelas regiões para onde se dirige este empreendedor cidadão. Na realidade, a migração gera um novo potencial de expansão das fronteiras *culturais* do estado, potencializando o gauchismo em toda parte, qual uma verdadeira *missão natural*...

O que fazemos poderia até ser chamado de "gauchismo espiritual", um refinamento deste espírito rico em potenciais, na sua expressão verdadeiramente eclética e universal. Porto Alegre pode ser já considerada uma cidade também espiritualmente central no sentido mais amplo do termo, face o surgimento de forças *solares* em seu seio, fruto de toda a síntese cultural que representa, devendo a seu tempo adotar instituições realmente superiores e sintéticas, das quais já vêm expressando a semente em vários campos, segundo a relação acima observada.

Adiante trataremos melhor deste tema.

A Raça Polar

A Região pampeana é responsável pela emergência da Nova Raça-Raiz em seus aspectos ativos e revelados, por isso abriga as mais altas realizações espirituais. Comparativamente, tudo aquilo que tem sido feito pelas sub-raças áryas anteriores e *finalizantes*, como diria Bailey, a sexta sub-raça ou os Estados Unidos, e a sétima sub-raça ou o Brasil, representam apenas preparações para esta grande eclosão cultural que acontece agora no territótrio pampeano.

As raças são como engrenagens cósmicas com seis pontas; "o sete é a escala da criação", disse H. P. Blavatsky. A evolução racial acontece como nas várias etapas de qualquer processo. Para termos uma refeição, por exemplo, mesmo quando simplificada ao mínimo, faz-se necessária toda uma cadeia de atividades.

A Raça Solar (Brasil) administra o encontros, mas apenas a Raça Polar traz uma verdadeira novidade. A palavra italiana *razza* significa não apenas "raça" e "linhagem", mas também *eixo de roda*. Uma verdadeira raça expressa uma nova tônica e uma outra natureza.

A sétima sub-raça é apenas a coordenação do conjunto, a forma de colocar a engrenagem em movimento, por assim dizer, ou senão de dar um impulso na raça-engrenagem seguinte.

Quanto mais avançada é a raça menos impulso ela necessita. A nova Raça-Raiz é dentre todas aquela que necessitou de menos impulso, nascendo sob o signo do *triângulo* e reafirmando assim o ideal áryo. O povo-centauro não é apenas discípulo do Demiurgo, o Senhor do Olimpo, Zeus que rege a nova humanidade. E tampouco desposa unicamente a Afrodite, Lúcifer a "Estrela da Manhã", em sua essência espiritual. Ele segue também os passos de Hermes, o mensageiro alado dos deuses.

Além de ser responsável por fomentar a dispensação do Espírito Santo e difundir a Lei espiritual da Criação, esta nova Raça Raiz desponta a rigor *já sob a sua terceira expressão*, uma vez que as suas sementes originais foram plantadas na sexta sub-raça árya. Assim, essa nova raça se revela como altamente detentora de conhecimento, capaz de manejar estruturas cósmicas com mestria e visão de conjunto.

Por essa razão, a Hierarquia transmitiu, através da pitonisa Alice A. Bailey, que esta seria a última Raça-Raiz desta ronda e que, além disso, alcançaria apenas a metade de seu desenvolvimento antes de iniciar o novo ciclo cósmico.

Quando muito, ela se polarizará através das antigas regiões atlantes para culminar com uma última expressão quaternária a toda Quarta Ronda Mundial.

A Nova Ronda Planetária – que de certo modo já se encontra presente –, por ser a Quinta Ronda também se caracteriza pela expressão da *Ciência Sagrada*, e nela a "espiritualidade" será a tônica natural.

Capítulo 20

VOCAÇÃO COSMOPOLITA

A formação humana do Rio Grande do Sul tem estado desde sempre sujeita a movimentos migratórios organizados, salvo seu período pré-colonial, quando era apenas uma "terra de bugres".

Tal situação tem sido necessária para povoar e organizar a economia do Estado. E tem sido feita basicamente através da oferta selecionada de suas boas terras.

Foi assim que se formaram as fronteiras. Foi assim com a vinda dos açorianos para a Capital e o interior. E, finalmente, foi assim com o último chamado aos imigrantes europeus para povoar as serras.

Os brasileiros já tinham sua experiência no povoamento e na expansão das fronteiras. Os bandeirantes vinham há muito fazendo seu trabalho. Laguna era o grande baluarte do sul do país. Sacramento tinha realizado a sua missão. Os europeus estavam atentos às oportunidades que o Novo Mundo oferecia, e os ilhéus isolados viam com bons olhos essa promissora aventura.

Tudo isto e ainda mais foi aproveitado neste processo. Vejamos:

> "... o nosso gaúcho, considerados os traços dominantes em seu caráter, é menos imemorial do que possa parecer a um exame fantasioso ou desatento dos fatos. Salvo escassas infiltrações, é da massa dos pioneiros que ele descende. Lagunenses, paulistas e gente de várias capitanias, os reinóis, os retirantes da Colônia de Sacramento, as numerosas famílias de açorianos, estes – convém repisar – os troncos dominantes do homem que se largou nas planuras do Sul e se fez campeador e soldado. Remanescentes de aventureiros sem história que tivessem permanecido do lado de cá da fronteira, deixaram-se absorver e acabaram fundidos no tipo que aqui prevaleceu."*

A tarefa de consolidação das fronteiras coube às iniciativas do Império Luso-brasileiro. Graças a estes vínculos é que puderam ser enviadas, por exemplo, as valorosas famílias açorianas que tão intensamente povoaram o sul. Vieram para o Rio Grande de três procedências: de Laguna, ou diretamente das já superpopulosas Ilhas, ou da Colônia de Sacramento após sua "devolução" à Coroa espanhola, para onde se haviam dirigidos desde Laguna.

No mesmo sentido, os paulistas atuaram de forma decisiva na fronteira oeste, ampliando e defindindo a atual linha demarcatória.

A própria necessidade de demarcar e ampliar este território se configuraria num processo civilizatório inicial bem definido, que por si só eliminaria amplamente o caos reinante nestas regiões.

> "A verdade é que os fronteiros do Rio Grande, em contraste com o que primitivamente se verificou do outro lado da linha divisória, estiveram desde logo enquadrados no amplo movimento de integração da nacionalidade, que arrastava no mesmo impulso construtivo elementos da mais variada procedência e condição, todos eles,

* Moisés Vellinho, "A Formação Histórica do Gaúcho", em *Rio Grande do Sul – Terra e Povo*. Ed. Globo, 1969.

> como os velhos lusíadas, ainda a serviço do mesmo Império: gente de várias capitanias, dos Açores, do Reino, da Colônia do Sacramento, negros, índios, mestiços."*

A preocupação com a nacionalidade esteve portanto sempre viva na alma rio-grandense. Era um ônus do qual ele não poderia se furtar, e o qual acatava por sentir que havia nisto mais vantagens do que desvantagens.

Ao mesmo tempo, tal fato não foi desvinculado do cosmopolitismo, na medida em que as várias origens se encontravam para um fim comum; e até porque havia o espírito imperial por detrás do processo, como um padrasto por vezes benevolente, por vezes não.

É em função de tudo isso que o Rio Grande se tornaria hoje no grande *portal de integração* da América do Sul, porque suas portas não se fecharam, e nem suas dimensões de atuação se limitaram.

O ecletismo racial originou tanto o cosmopolitismo cultural como o ecumenismo religioso. Mais ainda, o espírito de liberdade jamais esmoreceu, embora tenha sido salutarmente disciplinado e dirigido. Não havia terras sem fronteiras e nem fazendas sem alambrados. O nosso gaúcho transitava nos limites que lhe eram impostos – já bastante generoso, é verdade –, e canalizava o resto de sua sede de crescimento e expansão para outras atividades. Daí a sua vocação "inata" para a progresso, para a justiça, para as ciências, para as letras e para a religião.

Dessa forma, as pessoas que chegam ao Estado sentem-se acolhidas, pois o calor humano é perceptível.

O Rio Grande do Sul é o grande produto do colonialismo sul-americano, forjado pelos Reinos Ibéricos junto às riquezas humana e natural do Continente.

Se o Brasil é o Arco-íris, o Rio Grande é a luz Una e branca gerada pela reunião de suas cores.

---

* Ibidem.

CAPÍTULO 21

FILOSOFIA E PODER

A cultura gaúcha foi forjada num ambiente belicista, porém, em nosso caso, disciplinado. Não violento, mas marcial. A única forma de compensar a anarquia e a desordem natural da região (esta sim, violenta), era pela disciplina militar imposta. Por isso o peão da fazenda estava sempre de prontidão, preparado para largar a enxada e erguer as armas.

As relações com o poder eram íntimas. Cada rio-grandense sabia que de sua lealdade e bravura dependia a estabilidade de seu mundo, sempre ameaçado pelas hordas de bandidos e caudilhos transfronteiriços.

Ao lado disso, recebeu várias ondas de influência política ao longo de sua história, geralmente dignificantes e coerentes com sua condição de servidor altivo.

Nos primeiros tempos do Império o Rio Grande manteve-se bastante esquecido, salvo no *serviço* de guardar as fronteiras. Dom Pedro I visitou o Estado na ocasião das Guerras Cisplatinas, quando as fronteiras do sul foram ameaçadas.

Após a debandada do Imperador, sob um governo imperial de transição, nossos comerciantes sentiram-se espoliados, originando a Revolução Farroupilha, republicana-federalista ou separatista, surgida da reivindicação não só por melhores condições para nossos produtos, mas também afirmando certo pioneirismo ideológico inspirado nos ideais da Revolução Francesa.

A crise econômica internacional acendeu o estopim da Revolução. O espírito revolucionário foi mais forte na região da Campanha, no chamado Sul do Estado, região de estâncias e pólo econômico da época, que mantinha, de fato, as fronteiras nacionais. Porto Alegre nunca aderiu à causa farroupilha, e para o Estado revolucionário, a capital foi transferida para a outra margem do Rio, na cidade de Guaíba (entre outras que tiveram essa função). Na verdade, o Rio Guaíba (junto ao caudaloso Jacuí) traduz essa divisão geológica, e em suas praias sulinas iniciam-se os verdadeiros pampas.

Depois de amenizadas as coisas, Dom Pedro II fez uma memorável viagem à região, erigindo obras por onde passava. Mas a Coroa já não atraía muitos simpatizantes. O espírito republicano estava em ascensão e o próprio culto Imperador do Brasil parecia com ele simpatizar.

No final do século XIX cresce a onda positivista e se instaura a República. Augusto Conte teve alguns de seus melhores discípulos no Estado. Chegam ao Governo e dominam uma faixa importante da história rio-grandense, sobretudo na Capital, onde deixam imponentes e admiráveis obras de arquitetura, assim como um pensamento social e anti-liberal que se torna arraigado. Pode-se dizer que foi sob o impulso desta filosofia que o Estado conheceu o seu primeiro grande surto de progresso material e social, atingindo rapidamente altas posições.

No ocaso desse período surge o fenômeno da "Coluna Prestes", liderada pelo gaúcho Luís Carlos Prestes. Sua coluna de 2 mil homens a cavalo vara o Brasil de norte a sul várias vezes, lutando contra os presidentes e ditadores republicanos. O "Cavaleiro da Esperança" faz contato com a miséria nacional e acende o estopim da mudança.

O positivismo, tinto de caudilhismo aqui e em outras partes, naturalmente redundara no fascismo apartidário, no socialismo e no nacionalismo. O Socialismo ou trabalhismo gaúchotupiniquim surge com Getúlio Vargas, que alçado ao Governo estadual destrona os positivistas históricos, mas mantém as bases desta filosofia que tanta importância tivera no século XIX, quando a ciência "objetiva" pretendia resolver todas as coisas.

Tenta a Presidência nacional, mas perde em eleições fraudulentas. Após um golpe, desencadeia a chamada Revolução de 30. Pede apoio a Prestes, mas este, já convertido ao marxismo, não acata o pedido.

Vargas consegue o apoio das tropas de Prestes e, assim, alcança a vitória pelas armas, mantendo-se, entre revoluções e eleições, por décadas no poder, criando uma nova etapa para a cultura nacional e tornando-se a grande figura política do século. Governou para o Brasil, pois a verdade é que os gaúchos pouco se aproveitaram dessa situação, a não ser pela criação de uma tradição socialista que se arraigaria no Estado.

Alguns anos depois, Getúlio perde o apoio dos tenentes de Prestes, ao qual novamente se unem para gerar a Intentona Comunista, que chega a tomar o poder em importantes cidades nordestinas, sendo porém derrotada por Vargas, que se une ao líder integralista Plínio Salgado para combater o comunismo.

O Integralismo encontrou solo natural entre os descendentes de alemães, italianos e japoneses. Mas o vínculo se desfez quando o Brasil declarou guerra ao Eixo, dando início a uma onda terrível de perseguições internas.

Com a Guerra Fria o quadro político internacional tornar-se-ia mais complexo, afetando a onda nacionalista. Com a renúncia de Jânio Quadros sobe à Presidência o gaúcho João Goulart. Recebe forte oposição de forças entreguistas, que de início geram o Parlamentarismo e ainda tenta articular o Golpe. A resistência é coordenada a partir de Porto Alegre pelo governador Leonel Brizola, que desencadeia a Campanha da Legalidade.

Pouco depois vem o Golpe Militar de 64, com apoio dos EUA, acarretando a queda de João Goulart. O argumento golpista é a religião, a moral, a família e a propriedade. Mas jamais os Partidos pregaram contra tais valores, e muito menos a população apoiaria tal coisa. O que havia era uma onda anti-nacionalista externamente inspirada, no intento de forçar a adoção do Capitalismo e a geração de sistemas amplamente exportadores. Enfim, a transformação do país num "quintal" do Primeiro Mundo.

A Constituição é rasgada e explode a crise institucional, dando início a uma série de governos nomeados pelo poder central-títere, recém instaurado em Brasília e que, tal como no tempo do Império, colocava nos Estados governantes simpatizantes.

Desde então, a grande disputa tem sido entre os conservadores (geralmente protegendo os interesses internacionais ou o neo-colonialismo) e os progressistas (socialistas e nacionalistas).

Com a distensão política, o campo socialista tem se fortalecido, afirmando uma sucessão de governos trabalhistas no Estado ou na Capital. De certa forma, tal coisa tem compensado a crise moral quase permanente instalada em Brasília pelo Golpe Militar de 1964 e ainda hoje não saneada.

Com o esgotamento dos mercados mundiais do Norte, parece que a política exteriorizante começa a abrandar-se dando chances ao surgimento de novos pólos consumidores, e podemos organizar a unidade do Subcontinente. Nem sempre se pode vencer completamente o dragão. Resta a esperança de que ele mesmo se destrua, a seu tempo.

Em termos de autoconsciência cultural, apenas aos poucos, sob as evidências dos potenciais regionais e até continentais abertas pelo Mercosul, os governantes têm realizado alguns ensaios de integração, mal percebendo ainda que o incremento do pan-gauchismo é em si mesmo um fator cultural transcendente, por representar a grande ponte entre as principais divisões do Subcontinente. Como já afirmamos, os sul-brasileiros são ainda pouco conscientes da identidade comum com os gaúchos hispânicos e da importância desse fato, ignorando ser este o único caminho para a sua redenção (inclusive econômica), ao lado de um amadurecimento ainda maior de seus potenciais universalizantes. Não devem olhar mais para o Brasil do que olham para o resto do Cone Sul, porque eles realmente são uma *síntese* de tudo isso. Não devem temer a "desconfiança" dos outros brasileiros, mas afirmar uma posição própria e nova, soberana e nobre, sem ressentimento e sem ambição. Devem antes se conscientizar de que o seu "isolamento" apresenta uma razão especial, à qual deve dar um sentido maior.

"Vontade-e-Poder"

Vê-se que os gaúchos têm surgido como personagens marcantes na história política da nação, geralmente com grande dignidade e determinação, demonstrando inequivocamente a força de uma heróica vocação, inclusive socialmente redentora.

Tratemos então de avaliar o quadro desde o ponto de vista dos princípios simbólicos. Na Filosofia Esotérica, os caráteres são divididos em sete grupos. O primeiro deles, chamado 1º Raio, caracteriza-se como "Vontade-e-Poder". Tal coisa comporta uma faceta política evidente, e se aplica perfeitamente ao gauchismo em geral, assim como ao caudilhismo. O gaúcho cisplatino norteia-se basicamente pelo Poder, a ordem política enquanto tal, a ordenança. Já o gaúcho platino ou rio-grandense, prima antes pela energia da Vontade, a disciplina e a organização, a ordenação. A primeira baseia-se sobretudo nos impulsos da vontade pessoal e compulsiva, sendo a última evidentemente mais espiritualizada e idealista.

Numa palavra, tais energias estão aptas a gerar o militarismo e a espiritualidade, respectivamente.

A vida militar é o campo natural para a expressão do poder, requerendo para isto o cultivo da vontade e da disciplina. As ordens de cavaleiros-monges da Idade Média alcançaram um equilíbrio relativo entre as duas tendências, uma exterior e outra interior. As duas forças tiveram que trabalhar juntas para preservar a civilização cristã. Pois, a rigor, uma não sobrevive sem a outra.

A citação não é casual: se os gaúchos têm esta vocação, não é apenas por causa das tensões das fronteiras, que são meras conseqüências de uma forma de ser presente na formação longínqüa da alma gaúcha. Olhando mais remotamente, esta tendência reside no próprio sangue dos povos ibéricos que aqui aportaram em suas naus, após se caldearem profundamente com a herança moura.

O espírito bélico islâmico é uma força cultivada em séculos de práticas de *Jihad* (a "Guerra Santa"), tanto interior como exterior.

As grandes Ordens de Cavalarias medievais foram criadas e apoiadas pela Igreja para a defesa das fronteiras do Império Cristão e a reconquista das cidades sagradas, especialmente Jerusalém, das mãos dos muçulmanos "infiéis" e sempre belicosos.

Mais ainda, a sina dos cavaleiros do deserto se afirma pela própria lida natural. É preciso muita determinação para vencer os desertos, para suportar o sol, a solidão, a fome e a privação de água.

E nesse aspecto, foram os bérberes um dos mais notáveis povos cavaleiros da História. Cristãos antigos islamizados à força, jamais acataram de bom grado a fé imposta. Oriundos do reino egípcio de Maragath (donde os *maragatos* gauchescos), foram eles na verdade que penetraram na Península Ibérica sob o comando do general Tárik, seguido das hostes de seu líder muçulmano, e ali pemaneceram por muitos séculos, criando a grande civilização moura que o mundo admirou e que os próprios reis cristãos adotaram em quase todos os aspectos, durante e após a Reconquista. Oitenta por cento da indumentária gauchesca é de origem mourisca-bérbere, e os outros 20% indígena.*

Um dos aspectos mais marcantes da energia da Vontade, quando pura e refinada, é a *espiritualidade* como tal. O trabalho interior nos claustros e nas ordens, a meditação e o rito, o estudo e a renúncia.

Grandes reinos podem ser também conquistados dessa forma, e o verdadeiro conceito de Civilização, onde a cultura se alça à sua Idade de Ouro, é quando tais valores sutis mas universais emergem sobranceiros e dominam as almas, através do dom da Iluminação que trazem os Mestres de Sabedoria.

É bem conhecido o vínculo entre a espiritualidade e o espíri-

---

* Ver em *Rio Grande do Sul – Terra e Povo*, "As Origens Remotas do Gaúcho", Manoelito de Ornellas. Ed. Globo, 1969.

to guerreiro, tão bem ilustrado na épica batalha de Kurukshetra, no Mahabharata, e também pelo Jihad islâmico ou na Ilíada de Homero. Nisso tudo, vale sobretudo o símbolo do espírito de luta contra a falsidade e da conquista de poderes luminosos.

Transpondo as coisas para um plano histórico mais amplo, podemos dizer que Hitler expressou até certo ponto o triunfo do Poder, ao passo que o Cristo manifesta o verdadeiro triunfo da Vontade, expressa já no ato da ressurreição, símbolo de sua glória transcendente e eterna.

A região gaúcha é própria para a manifestação de uma nova Civilização sagrada, pautada pela disciplina, pelo telurismo e pela espiritualidade.

O Brasil representa a *Raça Solar* ou sagrada, como a Indiana, e o Cone Sul a nova *Raça Polar* ou divina, como a Egípcia.

A Lua define a periferia, o Sol centraliza o círculo e o Pólo eleva este centro, convertendo-o em cone ou montanha. A primeira sub-raça é este eixo em elevação, que vem a ser o elemento original de uma nova engrenagem cósmica.

Os Estados Unidos foram a primeira sub-raça oculta, e por isso manejaram o poder, pois toda a Raça-Lua trabalha com o poder, uma vez que deve administrar o aspecto material ou *maternal*.

O Brasil foi a segunda sub-raça oculta, que deve manejar o amor e a sabedoria, como faz toda a Raça Solar. E nisso temos a expresão da vontade, a fim de expressar a sua natureza *paternal*.

Os Pampas, um território algo "informal" e que deve ser ainda organizado em termos culturais, deve afirmar a sua natureza *filial* e mental, Polar ou Mercurial.

Capítulo 22

UMA ESTÉTICA DE CENTRO

Devemos contestar uma certa tendência mais ou menos generalizada (e sobretudo *importada* do norte do país) de caracterizar o gaúcho como um tipo "frio", "reservado", "conservador" etc.

E isto pelas seguintes razões: o fato do clima influenciar ou até mesmo *determinar* grandemente o temperamento de um povo é evidente a qualquer observador. A pergunta, então, é a seguinte: serão realmente Porto Alegre, e também todo o Rio Grande do Sul, lugares *frios*, genericamente falando? A resposta é *não*. Em função de sua posição geográfica *central* no Hemisfério e sob condições geológicas de baixa altitude, o clima do Rio Grande do Sul (e de outras regiões situadas em situação semelhante) é, em termos de estações, o *mais variado e bem caracterizado* que pode existir. E, apesar de alguns preferirem a amenidade e a constância climática existente em certos microclimas (Brasília, por exemplo), a realidade é que a variação ou a alternância é muito mais vantajosa desde o ponto de vista do enriquecimento do caráter de um povo ou da formação de uma boa *fibra* racial, sendo essencial para a constituição de uma sociedade áurea.

Como nossas estações nunca são longas e tampouco excessivamente rigorosas, o gaúcho nunca vive um clima a ponto de se acostumar com ele, e de formar um modelo de vida baseado numa certa temperatura predominante. Não possuímos uma cultura do frio como os argentinos e uruguaios, por exemplo; não temos agasalhos tão bons e nossas casas não têm os primorosos sistemas de calefação de ou ventilação que se encontram em outras partes onde o clima é mais frio ou mais quente. E assim, terminamos nos adaptando e "resistindo" aos constantes desafios que o ano nos traz, em vez de adaptar o mundo ao que poderia parecer o ideal, como fazem alguns povos do Norte do planeta.

A idéia de que o gaúcho é frio é meramente *importada*, como também toda uma possível "estética do frio", própria antes do norte da Europa onde nasceu a onda *cool,* e que por aqui chegou como modismo mundial nos anos 80. Mas ela não pertence à alma sul-brasileira, assim como quase não lhe pertencem o samba e o carnaval. O Rio Grande do Sul é apenas mais frio que outras regiões do Brasil (nem todas). Numa visão mais ampla, o gaúcho-brasileiro nunca é frio em si. Antes, os tropicais é que seriam "abrasados". E talvez mais "frios" e conservadores, os argentinos e chilenos, sobretudo de latitudes inferiores.

De modo que o caráter deste gaúcho é, antes de tudo, *equilibrado*, mesmo possuindo características fortes, geradas por certas condições políticas e culturais. Existe bastante calor *interior*, como percebeu o Papa João Paulo II ao aqui chegar. E se por vezes isso surge como destemperança, quando devidamente refinado e civilizado, tem igualmente revelado um homem nobre.

Eis como já se referia o naturalista Auguste Saint-Hilaire no início do século passado, com relação à distinção da sociedade gaúcha, tanto em relação à liberdade e ao respeito à mulher, como ao cavalheirismo natural dos homens:

> *Encontrei modos distintos em todos. As senhoras falam desembaraçadamente com os homens, e estes cercam-nas de gentileza — sem contudo demonstrar empenho de agradar, qualidade esta quase exclusiva do francês.*

E que dizer de nossas artes? Muitas vezes simples e rústicas, ainda assim tem *alma*. Como homens modernos, podemos apreciar muitas formas e estilos de arte. Mas o que sente na alma o gaúcho ao ouvir uma canção tradicional é algo indescritível. É como se rompesse de repente a cortina de concreto da cidade, fazendo-o sentir no meio da "querência" – expressão afetiva com que denomina a estância, a fazenda. A riqueza dessa música não vem apenas de seus acordes, mas de sua alma, de seu profundo e nostálgico telurismo. E isso pode bastar para muita gente, como tem bastado o estilo gaúcho para pessoas de regiões distantes do Rio Grande do Sul e até estranhas ao Estado e às suas raízes.

Apologia do "frio", jamais entre nós. Raízes, telurismo, paz, riqueza, amor, força e beleza; enfim, o *arco-íris*, isto sim. Propomos, neste caso, uma "Estética de Centro", destinada a forjar uma filosofia universalista e um sentido de responsabilidade global.

Capítulo 23

O REFINAMENTO DA CULTURA

Apesar de se considerar muitas vezes o gaúcho "grosso", esta forma de ser, em contraste com a *globalização* (inclusive a da Rede Globo), vem se afirmando cada vez mais como um elemento de folclore e até anedótico. Aqueles que permanecem na lida do campo preservam hábitos mais rudes, compatíveis com a natureza de seus trabalhos, sobretudo os domadores e vaqueiros. Dificilmente se poderia refinar muito o espírito sob a urgência de uma tal lida. No entanto, desde há muito o gauchismo vem se adaptando à vida urbana e recebendo influências de outras culturas e tradições.

Como disse um artista gaúcho, quando *se é gaúcho*, não é preciso tentar *parecê-lo*. A tentativa de o homem urbano imitar o gaudério o torna algo artificial e folclórico, embora tenha o seu valor formal.

Assim, não há porque temer certa flexibilidade, se atender ao bom gosto. O gaúcho pode ser autêntico sem necessitar *pilchar-se* e muito menos ser grosso ou machista – e, é claro, tampouco afeminar-se apenas para mostrar que não é o oposto. A grande meta é sempre a *busca do equilíbrio*, do verdadeiro conceito de *homem* (humano).

Assim como a criança evolui, também os povos progridem em seus hábitos. O gauchismo é um movimento que vem surgindo num conjunto muito rico de influências. O Estado, na sua forma atual, tem apenas dois séculos de existência, e se acha ainda em formação cultural, até porque os seus potenciais são bastante elevados. Recebe a influência dos povos vizinhos e das épocas, cabendo-lhe acima de tudo a preservação de um certo sentido interior, gerando uma cultura cuja essência pode ser em boa parte codificada e transmitida através dos *símbolos* e da *linguagem.*

Acaso a linguagem não tem sido um dos grandes instrumentos para a preservação da identidade gauchesca? Assuma-se isto, porém com a devida "fineza".

Arte e idioma tem sido sempre a verdadeira síntese da cultura. O gauchismo deve ser hoje visto como *cultura* no sentido puro, de tradição e arte, e não meramente como folclore bruto. Tal fato pulsa no coração do gaúcho, que sangra à menor idéia de perder em definitivo as suas poderosas raízes.

Assim, o refinamento de uma cultura se faz pela crescente assimilação e geração de elementos universais, de modo que certos hábitos podem até ser mudados à medida que se revelam desnecessários ou ultrapassados.

Exemplo: por "tradição", o gaúcho é considerado bastante carnívoro, sendo seus churrascos famosos internacionalmente (é o caso das *parrilladas* portenhas). No entanto, cada vez mais o *vegetarianismo* é apreciado entre os portoalegrenses, e não meramente por uma questão de estética e saúde exterior, mas como expressão de cultura *interior.** A Idade de Ouro conta com tal premissa, e o gaúcho caminha rapidamente para uma universalização de sua cultura inclusive *no sentido espiritual.*

Cada vez menos a palavra "gaúcho" significa aquele homem que vive no ambiente físico dos pampas, sujeito à lida pastoril,

---

* Curiosamente, em sua obra *Viagem ao Rio Grande do Sul,* Auguste de Saint-Hilaire ora atribui a agressividade dos gaúchos aos hábitos carnívoros, ora atribui aos mesmos motivos a saúde física dos rio-grandenses, se comparada aos catarinenes, que comiam basicamente peixes e hortaliças.

mas o que alimenta uma forma de viver com raízes telúricas sólidas e nobreza d'alma, junto a uma aspiração indomável pela liberdade, pela dignidade e pelo progresso, fruto de uma potência interior de síntese forjada sob um rico caudal de elementos.

No futuro, se verá inclusive que, a exemplo de outras expressões humanas *áureas* que se tornariam universalizadas como modelos de comportamento e padrão cultural como "incas", "maias", "hindus", "caldeus" e "hebreus", o termo "gaúcho" tenderá a ser adotado como um *estilo de vida*, mesmo por àquelas pessoas pertencentes a outras regiões e estranhas ao Estado.

Tal coisa já vem acontecendo em certa medida. Os filhos dos gaúchos emigrantes fazem questão de se considerar também "gaúchos" e de preservar os costumes e tradições, inclusive fundando *Centros de Tradição Gaúcha* por toda a parte. Estes CTGs se contam aos milhares e vêm se tornando um fenômeno internacional, merecendo destaque em publicações importantes do centro do país, junto à importância econômica desses migrantes gaúchos para essas regiões.

Mas tudo isto só é possível e tem sentido graças a uma **essência** própria, da qual a *pilcha*, toda a indumentária, e o folclore são apenas *apoios* externos.

Folclore e Tradição

O gauchismo é visto também como "tradicionalismo". Esta palavra designa em boa parte o culto das chamadas raízes culturais, por vezes surgidas na forma de *folclore*.

O folclore envolve tradições mais ou menos teatrais, que o gauchismo ainda vem desenvolvendo. Antigos hábitos podem evoluir para formas de folclore, de modo a apresentar simbolicamente as formas primitivas da cultura, depuradas e enobrecidas, preservando parte de sua origem telúrica. Ao mesmo tempo, devem gerar um *estilo* artístico à medida que emerjam sementes de cultura superior, ao que propriamente se pode denominar *tradição*.

Um dos perigos do folclore é que pode convencer apenas pela *teatralização*, levando a perder a sua essência vital. Daí ser importante realizar uma avaliação da *ontologia* gauchesca, visando compreender aquilo que realmente define a sua essência cultural, e então adotar os meios para preservá-la, cultuá-la e até aperfeiçoá-la, assim como adaptá-la aos ambientes e às situações necessárias.

"Folclore" é cultura popular no sentido mais positivo do termo. "Tradição" é uma palavra com significado rico, muito usada inclusive nos meios espirituais. O folclore está embutido nela, mas não a limita. Tradição é um conjunto de crenças e práticas cuja profundidade pode se tornar insondável e universal. O gauchismo é uma cultura em vias de evolução e aperfeiçoamento, gerando tanto um folclore popular como uma tradição espiritual no sentido mais amplo do termo. À medida que isto ocorra, se deve determinar certos *cânones* mais adequados, necessário para a preservação de um padrão tido como perfeito e que apenas pode surgir sob a "maioridade" espiritual de uma cultura, devidamente pautada pelo espírito universalista, fixo em seus propósitos e fundamentos, mantendo sempre certa abertura, sem ceder ao dogma estreito, o que é possível pela manutenção de forças culturais *vivas* e de alta qualidade em seu interior.

Um dos elementos necessários para isso, é a adaptação da linguagem aos valores mais profundos da cultura, o que já vem acontecendo sob a pena de nossos sábios mais intuitivos.

A dança e o canto, a indumentária e até certos apetrechos, são também elementos preciosos na sua preservação. O *estilo* pode ser adaptado a tempos e circunstâncias. O vestuário pode manter alusões às formas antigas, mas também adaptar-se para novos usos. Hoje em dia, usar a *pilcha* tradicional, uma simples bombacha ou um vestido de prenda, é por si só quase um rito, válido sobretudo em manifestações culturais definidas (festas, celebrações), mas não necessariamente no cotidiano. Por isso, tendo em vista a eliminação dessa dualidade, é que a adaptação pode se tornar oportuna. É um passo no caminho da universalização, que pode ser alcançada através de medidas simples como a confecção de roupas típicas porém menos pesadas, como já existem há algum tempo com grande sucesso entre a juventude.

A adoção dos símbolos gauchescos em contextos espirituais é um grande passo para universalizar e até sacramentar a cultura. Algum estudioso do assunto deveria investigar os costumes para criar o *Tarô dos Gaúchos*.

Esse é o tema do Capítulo seguinte.

Capítulo 24

ALGUNS SÍMBOLOS SAGRADOS

Se, no geral, o espírito do gaúcho pode ser considerado *nobre*, certos hábitos são, por si só, enobrecedores, havendo aqueles que podem ser adaptados visando a formação de uma *mística superior*. Certos costumes primitivos seriam mantidos simbolicamente. Assim nos aproximaremos da já mencionada *Estética de Centro.*

O Cavalo e seu Amo

Para começar, não se pode pensar no gaúcho isolado de seu cavalo. Por isso, ele tem sido chamado de "centauro dos pampas".

E o cavalheiro é tradicionalmente um símbolo de nobreza (resultando entre nós na palavra *cavaleiro*), sendo o cavalo o grande emblema da raça Árya (termo sânscrito que significa "nobre", precisamente), elemento histórico para a sua vitória e difusão pelo mundo. Com o cavalo, os bárbaros invadiram a África, a Europa e a Ásia. Nas Américas, de início, sua mera presença aterrorizou os índios, sendo porém mais tarde por eles dominado de uma forma até surpreendente. Os cavaleiros-monges da Idade Média detiveram o avanço muçulmano cavalariço.

O ideal da cavalaria, por sua simbologia, expressa a própria busca da *Iniciação solar* (3º grau), sendo o cavalo também um símbolo avatárico (sobretudo no caso do novo Buda, chamado Maitreya, o Kalki Avatar dos hindus ou o Cristo retornado – vide Apocalipse), e de recepção de energias superiores (embora também de outras, no caso dos médiuns).

Tal iniciação é característica do *espírito de nobreza*, donde o surgimento das monarquias européias através da assimilação das Ordens de cavalaria às cortes. Não tem sido o gaúcho definido como o "monarca das coxilhas"?

A partir disso, deveríamos avaliar a indumentária e os apetrechos do cavaleiro e sua função.

A Boleadeira

A boleadeira indígena, por exemplo, expressaria com suas três pedras a Tríade Espiritual, a qual deve "enlaçar" e "caçar" o gado ou a avestruz que simbolizam, por sua vez, a matéria densa, quaternária e pesada dos corpos inferiores. A boleadeira é a Mente, o 3º plano, que deve dominar os dois inferiores, o físico e o emocional, reunindo-os para a síntese da Iluminação.

A boleadeira em movimento também serve como um emblema quaternário, onde o nó das cordas que a mão segura faz o centro da peça. Atribuamos então a este centro o RGS, e às três esferas o Brasil, o Cone Sul e os países andinos.

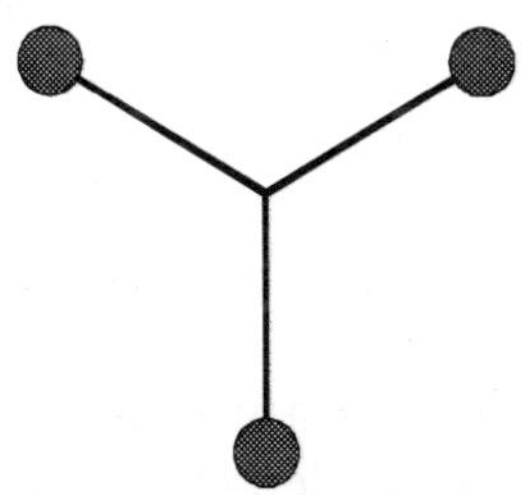

O Poncho

Na região pampeana faz um frio elevado por certo tempo. O "cobertor" do gaúcho é o *poncho*, um símbolo de proteção. Ele é usado em toda a parte, dos Andes à Patagônia e ao Rio Grande do Sul. No Paraguai adota-se a forma do *pala*, aberto na frente. É feito da lã disponível, de lhama nos Andes e de ovelha nas regiões baixas.

Tal evocação não é tampouco gratuita, porque a nova cultura pampeana das planícies também apresenta seu caráter *solar*, buscando um intercâmbio intenso com as tradições andinas e sua precisa herança cultural.

A Vaca e a Doma

A tradição vaqueira é um dos marcos da região central do Subcontinente. A *vaca* ressurge aqui como um símbolo sagrado, assim como do *mandala*, como foi na Índia e no Egito, pois suas patas e chifres integram uma completa cosmologia, como afirmou Blavatsky.

Na Índia, o leite e a coalhada são empregados como símbolos cósmicos, respectivamente, da matéria-prima e da criação.

O mesmo se deve dizer da cavalaria, que na Europa medieval gerou um ciclo cultural superior, cujos reflexos no gauchismo espiritual são evidentes e naturais.

A doma, seja do cavalo ou do gado, representa um ato de bravura e poder sobre as forças brutas da natureza, que são assim postas a serviço do homem, humanizando-as e evoluindo-as desta forma.

Como símbolo, corresponde ao trabalho *interior* do ser humano, onde as energias físicas devem ser postas a serviço do sagrado.

A idéia se presta igualmente ao romantismo, porque, se um cavalo garboso é atraente, um homem viril e nobre também o é.

A "Querência"

Quanto à "querência", adota já um contorno mítico e amiúde é alvo de poética espiritual, idílio e ideal, assim como o Criador é chamado "Patrão celeste". Surge assim um mito de perfeição, que pode ser "sutilmente" adaptado a uma vivência urbana ou semi-urbana enobrecida.

Aliás, não há porque se rebelar contra o patrão, caso esteja imbuído por uma função sagrada ou a serviço do Mais Alto. Do contrário, nenhum verdadeiro gaúcho deveria a ele se sujeitar, sob pena de se reduzir à escravidão.

> *A cultura gauchesca se destaca de forma marcante no cenário sul-americano por sua extensão, posição e potencialidade, formando um contexto particular amplo e internacional, semelhante ao andino e ao amazônico.*
>
> *Possui entre seus traços comuns a tradição vaqueira, os campos, o forte telurismo, a indumentária – e o chimarrão. Tais elementos podem ser portanto escolhidos como símbolos desta valorosa cultura, no momento em que emergem finalmente seus elevados potenciais sob as asas da integração entre as nações-irmãs que permeia, reúne e ajuda a constituir.*

Destes, destacamos o chimarrão pela rica simbologia que oferece.

O Chimarrão

Bela é a tradição do chimarrão, este "chá" forte de erva-mate que a gauchada costuma beber em suas cuias, de preferência em roda formada ao pôr do sol, mas também no despertar e em qualquer ocasião em que se reúnam as pessoas.

A "prática" do chimarrão acompanha a cultura da erva-mate, natural na região e que se estende por todo o Cone Sul, até dentro do Mato Grosso do Sul e do Paraguai, alcançando ainda o Chile.

Erva, cuia e bomba fazem a trilogia do chimarrão, ao que se deve é claro acrescentar a água e, com pequenas variantes, também o tripé.

Não existe uniformidade na forma como se usa o *porongo*, este utilíssimo instrumento vegetal dos índios. O gaúcho argentino vale-se normalmente da base larga da fruta (dispensando assim o tripé), onde se acham as sementes, enquanto o brasileiro usa sua ponta, onde está o pedúnculo (alguns também bebem o chimarrão em chifres – que é uma forma de cone –, como no Mato Grosso do Sul e no Paraguai). Ora, estas duas metades podem ser comparadas ao *lingam-yoni* dos hindus, com sua parte feminina larga na base e a masculina alta acima, simbolizando a união das *polaridades*. Uma variante portanto das duas traves da cruz. E se relaciona aos símbolos complementares da montanha e da terra ou da ilha e as águas.

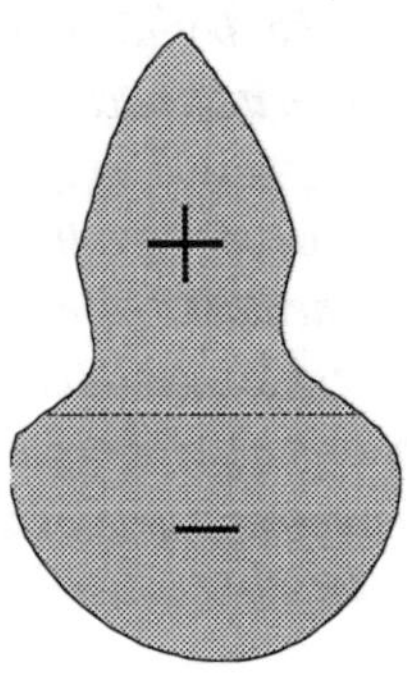

A essa distinção se pode associar certa complementaridade existente entre o Brasil e a Argentina, onde o primeiro é solar e "dourado" e a segunda é lunar e "prateada" (ver *Nova Albion*,

Cap. 3). A virtual unidade dessas duas ricas nações tem sido um dos grandes motivos para a idéia de que o futuro do mundo passa também fortemente por aqui, no amadurecimento dos espíritos para a vindoura síntese cultural, em grande parte simbolizada pelo ecletismo brasileiro e sobretudo no próprio Cone Sul, como força cultural emergente neste final de século e milênio.

Queremos então invocar a menção feita por Barbosa Lessa no *Almanaque dos Gaúchos,* n. 1, ao *cevador* enquanto provedor de água, semelhante portanto ao "aguador" que simboliza a Nova Era de Aquarius. Enriquecendo a simbologia, a cuia é como o coração, que caracteriza o novo ciclo mundial de espiritualidade. A fraternidade é uma nova característica universal, e é também a marca dos países irmãos que se reencontram após as vicissitudes da História.

O chimarrão é o contrário do famoso livrinho comido pelo profeta. A erva é amarga por fora e doce por dentro – talvez pelo que representa.

O gaúcho é romântico, é apaixonado. Ser poeta é sua natureza. Daí, uns vêem na cuia um seio acolhedor, outros um coração, comungado em roda de amigos. Aliás, não existe nenhuma outra bebida no mundo compartillhada assim no mesmo recipiente. É um legítimo símbolo de unidade e fraternidade.

O emblema dos Cavaleiros Templários era tríplice, com dois homens sobre um só cavalo, aludindo à simplicidade e à fraternidade. O princípio de fraternidade também está representado no simbolismo do chimarrão.

A antiga bebida dos guaranis surge pois hoje como a bebida nacional da gauchada. Mais saboroso que um chimarrão amargo para despertar e esquentar corpo-e-alma, apenas um mate gelado para refrescar no calor que igualmente sabe fazer nestas plagas. No Paraná também se bebe o "chimarrão frio" chamado *tererê*, e há quem o adoce ou tome com leite.

De fato, a erva-mate deve ter seu lugar cativo na economia do Mercosul, porque reúne as virtudes do café, do chá e do guaraná. Por tudo o que pode representar, deve surgir como um de seus grandes símbolos, econômico e cultural, devendo seu cultivo ser incrementado e seu uso estimulado.

A nosso ver, a adoção do símbolo do chimarrão para a cultura do Mercosul é natural e óbvia. Mas a iniciativa da proposta deverá partir dos gaúchos e também dos *gaúchos.* Afinal, a adoção do símbolo exalta o *gauchismo,* um fenômeno cultural que, como registram as publicações do centro do país, tem se expandido mundialmente por sua própria força; o que deve ser visto com naturalidade e desassombro face à importância dessa cultura no contexto do Mercosul, do qual é a grande característica.

O Simbolismo do *Cone*

Por alguma coincidência, as próprias regiões que empregam o chimarrão parecem-se algo com cuias. Primeiramemte, a América do Sul em geral. Depois, o bem-nomeado *Cone Sul.* Talvez mesmo o Brasil, e certamente o Rio Grande do Sul, estado brasileiro estrategicamente contemplado no contexto de união transnacional do Mercosul, forjado grandemente na identidade pan-gauchesca.

Mas é a idéia do "Cone Sul" que proporciona uma simbologia especial, porque a imagem do *cone* é sagrada, ao reunir a circunferência e o triângulo, que simbolizam a Alma e o Espírito.

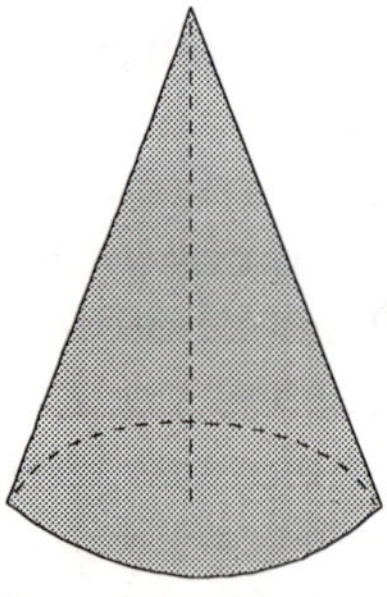

A forma acima tem sido a base para muitos chapéus sagrados, como a mitra e certas coroas. Lembra também o famoso "chapéu de burro", que na verdade serve para dar mais inteligência, porque seu efeito seria antes regenerador. Chapéus semelhantes têm integrado a indumentária do gaúcho.

Muitas divindades foram representadas com chapéus cônicos, como os divinos artíficies Vulcano ou Hefestos, Thor e Quetzalcóatl.

E tudo isto recebe um sentido cósmico, quando temos em vista que o paralelo 30 integra um triângulo equilátero com o polo, formando um cone com sua base no centro do hemisf'ério, numa região sempre predestinada à manifestação das forças divinas na Civilização.

O Círculo Solar

Mas a montanha é também um símbolo solar, pois sua forma comporta a idéia de *centro*. O ápice da montanha corresponde ao centro de uma circunferência, como vemos na gravura abaixo, o que representa também o símbolo do Astro-Rei.

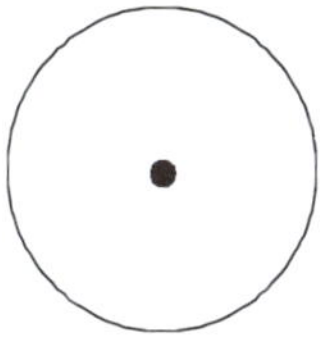

Trata-se do símbolo supremo da integração e da totalidade. Não por acaso, o emblema de Porto Alegre é o seu belo pôr-de-sol.

No gauchismo criou-se um símbolo social de círculo, com certos aspectos ritualísticos: a *roda de chimarrão*, a qual representa em si o nosso grande emblema da confraternização, uma espécie de "Távola Redonda" informal. Assim também, um *certo* socialismo criolo se apresentaria como característica deste gaúcho solar, como já tem sido demonstrado. Aliás, alguns vêem na palavra "gaúcho" semelhança com a palavra "esquerda" em francês *(gauche)*. Poderíamos ver nisto não apenas uma aplicação social, mas também o lado Oeste do globo – seu novo centro racial –, conforme estamos habituados a olhar nos mapas. Assim, o termo adquire um aspecto simbólico e central, sobretudo se tivermos em conta que o socialismo *espiritual* será realmente uma das tônicas da Nova Era.

Assim, mesmo em seus símbolos mais correntes encontramos referências à estatura maior dessa região, indicando o destino desta nova Montanha de Luz que é o Cone Sul da América meridional.

As Árvores

Algumas *árvores* também se destacam por seu simbolismo espiritual.

Em termos de Brasil, devemos mencionar o *Pau-Brasil* que deu nome ao país, fazendo dele o único país do mundo com nome de árvore e destinando-o também por isto à nobre missão da Ecologia, cerne da nova lei espiritual divina. Foi a razão primordial de interesse econômico dos colonizadores, e por estar associado ao Brasil se destina a ser uma árvore sagrada.

Num aspecto mais tropical, temos a *Palmeira*, sob muitas variedades e com ampla utilidade. O símbolo das palmas está associado na Bíblia à espiritualidade.

No seio do gauchismo, destaca-se a portentosa *Figueira*, sempre associada à religião.

Finalmente, como símbolo de integração, temos a *Araucária*, o pinheiro sul-americano ou de "candelabro". Seu domínio se estende pelas serras que vão do Paraná ao norte do Rio Grande do Sul, também retornando, numa espécie semelhante, na Patagônia. Através do Natal, o sentido sagrado do pinheiro – no caso, a espécie setentrional – foi difundido pelo mundo. Sua forma triangular é evocativa da Trindade. A espécie sul-americana apresenta uma forma distinta, como candelabro ou cálice, podendo simbolizar aspectos receptivos ou "femininos" de energia, tal como cabe realmente ao Hemisfério Sul, complementando a simbologia do Norte.

Temos, para finalizar, razões de sobra – em boa parte já confirmadas pela História –, para afirmar que o *gauchismo* apresenta potenciais culturais de uma envergadura ainda desconhecida, mas verdadeiramente digna dos mitos e profecias.

Capítulo 25

A MISSÃO DOS PAMPAS

O incremento do pan-gauchismo representa em si mesmo um fator cultural transcendente, por expressar a grande ponte entre as principais divisões do Subcontinente. Os sul-brasileiros são ainda pouco conscientes de sua identidade essencialmente comum à dos gauchos hispânicos e da importância desse fato. No entanto, essa conscientização representa o único caminho para sua redenção (inclusive econômica), ao lado de um amadurecimento ainda maior de seus próprios potenciais internos.

Existem inclusive pontos a serem revistos na auto-imagem dos gaúchos, imputados pelas forças de aculturação do centro do país e até adotados por certos gaúchos emigrados. Da mesma forma como o mundo exterior não salvou o Brasil, tampouco o isolamento será quebrado olhando para o norte – mas tampouco pelo separatismo. Este é portanto o seu grande desafio: afirmar mas também *refinar* cada vez mais a própria identidade, até chegar num padrão perfeito e universal.

Nos termos da Filosofia Esotérica, dir-se-ia que a Missão coletiva dos gaúchos é a de proporcionar um *novo impulso ra-*

cial, com efeitos de âmbito mundial. Tecnicamente, o gauchismo é a expressão acabada da primeira sub-raça da nova Raça-raiz. Surge como resultado da síntese das energias culturais sul-americanas, sendo a América do Sul (sobretudo o Brasil) o berço da última sub-raça da Raça-raiz anterior.

O gauchismo, enquanto cultura comum a tantos países do Cone Sul, fortemente permeada pela influência de muitas raças, seria visto como destinado por excelência a promover a integração da América Latina. Esta seria portanto a sua transcendente missão: a *criação de um cultura una*, com todos os aspectos necessários, irradiando-a para o Subcontinente.

A ele caberia trabalhar de forma a reunir as instituições e os povos, gerando uma cultura superior com modelos raciais áureos. Seria essa a característica que o gaúcho tem a oferecer, com sua vocação libertária e magnânima. Se é verdade que São Paulo tem suas riquezas, que o Rio de Janeiro e Florianópolis têm sua belezas naturais, que Curitiba tem seu sentido de urbanidade e ecologia, então Porto Alegre irá oferecer os valores humanos mais nobres e se apresentar como naturalmente destinada a *reger* o país e até mesmo a América latina, pois o gaúcho rio-grandense é mais que brasileiro: é um ser tipicamente *sul-americano*. Enquanto não nos concientizarmos e assumirmos este fato, não iremos encontrar a nossa verdadeira vocação e função cultural.

A palavra-de-ordem seria *assumir* nosso papel na História, de forma consciente. O resultado disso não se revelará em termos quantitativos num primeiro momento. Nosso carma como povo de fronteira é pesado e a única forma de resgatar nossa dignidade é afirmando cada vez mais aquilo que realmente nos caracteriza: a *qualidade* humana.

A sociedade gaúcha seria convidada a trabalhar em prol da construção de uma Civilização-modelo, buscando, entre outras coisas, a integração entre as instituições e o aperfeiçoamento contínuo de todas as suas virtudes, sobretudo *humanas*, fontes de todas as suas verdadeiras riquezas.

Seu grande "produto" e contribuição seria formar líderes leais e honestos em suas funções. Tal ato deveria ser feito num contexto político-espiritual, que poderia se valer tanto da Igreja como da Maçonaria – após terem tais Entidades sido devidamente renovadas e integradas pelo Cristo, o qual, por tudo o que foi dito, também está por força destinado a surgir nesta região.

Em outras palavras, seriam definidos quadros superiores, de padrão transcendente, para suprir a grande necessidade mundial de liderança, inclusive em termos do *Governo Internacional emergente.* Com os recursos já disponíveis, é possível até mesmo pensar na organização do Governo Mundial, baseado na fórmula imemorial da *Sucessão Apostólica.*

Este novo centro do mundo é o Rio Grande, que deve se tornar palco para uma grande irradiação de virtudes universais, de nível espiritual regular, tal como vem sendo de energias telúricas, raciais, sociais e até mesmo, nos últimos tempos, de *forças divinas.*

Esse procedimento se destina a renovar as instituições. O catolicismo, por exemplo, está cada vez mais ameaçado. A Igreja representa o último reduto teocrático (embora grandemente abalado em suas fundações), sendo natural que esta forma de Estado (assim como a Monarquia) se enfraqueça no ciclo de civilização que termina, com sua Idade de Ferro.

Com a nova Idade de Ouro emergente, focalizada nesses territórios sul-ocidentais, as Sagradas Instituições podem retomar todo seu vigor e idoneidade. A Igreja deve então realizar o seu translado para o seio daquela que representa a maior nação católica do mundo. Melhor ainda, para o "Território de São Pedro" (antigo nome do Estado Rio Grande do Sul), a região onde confluem as almas e as línguas deste grande Subcontinente católico. É a melhor forma de afirmar exteriormente um princípio que a Igreja tem negligenciado muito na prática: o universalismo, o catolicismo.

Existem várias razões para isso, algumas bastante evocativas de seu caráter central e até do Estado pontificial. Reflexo disso é o Estado ter sido o grande celeiro de vocações religiosas do país, sendo este o tema do Papa em sua visita ao Estado. Este é um sinal que não pode passar desapercebido.

A necessidade de se criar até mesmo um Estado à parte se justifica pela imensa dignidade que caracteriza suas energias e pelo fato de que não pode estar sujeito às vicissitudes políticas circundantes.

O Rio Grande tem sido comumente considerado já um Estado especial. Um reduto do Primeiro Mundo, uma ilha cultural, um povo altaneiro sempre à espera de um *algo mais* que lhe é negado. Porque, na verdade, grande parte desse isolamento lhe é imposto. Sua vocação é e sempre foi a da Federação, pois sua alma se formou na vigilância da nacionalidade. Porém, não apenas não tem encontrado eco ali para se manifestar, como também têm sido colocadas cargas terríveis sobre suas costas.

Certamente o Estado não aspira pelo islolamento. Deseja é reger espiritual e politicamente o país e até o Cone Sul, região a que chamamos *Nova Albion*, o novo Império de Luz.* A seleção tem apenas o sentido de gerar uma *área de proteção*, que de resto se estende dali para muito além, através da irradiação de seus dons.

O Capítulo seguinte traz novos elementos sobre esse panorama.

---

* Ver nossa obra *Nova Albion – Uma Grande Civilização.*

Capítulo 26

O TERRITÓRIO AUTÔNOMO DE SÃO PEDRO

A fundação de cada novo grande ciclo cultural requer a implantação de uma área geográfica definida, onde seus potenciais possam ser desenvolvidos de forma plena. Os antigos simbolizaram tais Centros pelas imagens de ilhas ou montanhas, núcleo "vertical" de energias em cujo entorno se desenvolve a existência das massas humanas.

Uma das principais condições para isso é que sobre esta região passe o paralelo 30, o qual representa o centro hemisférico desde o ângulo *solar*, segundo conhecida fórmula matemática, apresentando as quatro Estações perfeitamente caracterizadas, acarretando o equilíbrio climático que resulta numa riqueza máxima de caráter e temperamento.

Dessa forma, também se configura em pólo de atração para as migrações humanas, determinando um enriquecimento ainda maior pela simbiose de culturas.

Como resultado, se obtém a formação de uma população com uma têmpera especial, e que a Tradição denomina de *Raça* propriamente dita,* especialmente uma Raça-Raiz, no caso, a sua primeira sub-raça áurea ou "polar".

Devido a tudo isso, este processo costuma ser coroado com a chegada de Mestres, inclusive Avatares, tal como a História tem demonstrado em várias oportunidades. Esses Centros se situam então como pólos de cultura universal, e as Dinastias sagradas têm ali o seu trono perpétuo.

Tal fato foi verificado em todo o mundo antigo, no Egito, em Israel, na Suméria, na Pérsia, na Índia, no Tibet, e também da América do Sul.

E agora isso também volta a acontecer no Novo Mundo. Talvez até em parte já tenha ocorrido anteriormente na Ilha da Páscoa. E se não teve uma expressão soberba como no Velho Mundo, foi devido ao estado de formação espiritual humana em que as raças ainda se encontravam neste Extremo-Ocidente.

Hoje, com o preenchimento do território e o afluxo maciço dos povos, essa síntese se acha plenamente acabada, tal como deve acontecer nas Américas, sobretudo ao Sul, porque agora a Grande Luz migra para as regiões meridionais do mundo.

A região especialmente escolhida para centralizar o novo curso espiritual da História sofreu todo o processo acima descrito. Situa-se ao sul do Brasil, onde, à parte a forte mescla racial tradicionalmente verificada, acrescentam-se as energias solares-telúricas do paralelo 30, e mais a dupla formação histórica sob o compartilhar de seu território entre espanhóis e lusitanos, hispânicos e brasileiros, configurando tudo isto um verdadeiro Centro continental.

O Estado recebeu de início dos espanhóis o nome de "Continente de São Pedro"; depois os portugueses acrescentaram: "São Pedro do Rio Grande"; ficando finalmente batizado após a República apenas como "Rio Grande do Sul", hoje reconhecido por apresentar a melhor qualidade de vida do país.

A curiosa expressão original "Continente" deve-se, segundo o historiador Barbosa Lessa, ao fato de que os viajantes, ao

---

* Raça é uma humanidade verdadeira, porque regida em termos de Alma. Não é meramente massa humana, mas população consciente e culturalmente ativa e engajada. A palavra lembra *raja*, "real" em sânscrito.

chegarem à região pelas vias costeiras (sejam as estradas da época ou por mar), se deparavam com o fabuloso sistema de lagoas que formam a "costa doce" do Estado, de modo que tardava-se a chegar às terras interiores. Mas isto também, acreditamos, em função de as outras fronteiras serem fluviais, pois nos outros lados do território se encontravam o rio Uruguai e, ao sul, o próprio rio do Prata, gerando tudo isto quase uma ilha à parte, se incluímos o território uruguaio (formando o *Uruguaypiri*, como tem sido chamado).

O território uruguaio foi igualmente uma zona de litígio entre as coroas portuguesa e espanhola, nestas fronteiras oscilantes, palco para aventureiros de toda a sorte. Desde cedo a região do Rio Grande se destacou na cultura gauchesca por uma política de fazendas, implantada pelo colonizador português e pela Coroa, visando acabar com a anarquia que vicejava naquela população errante e quase apátrida que atravessava livremente as fronteiras na busca do gado *chimarrão* (livre), ameaçando até as cidades e a estabilidade econômica. Essa organização do campo, sua *familiarização*, por assim dizer, criou um ambiente de respeito e segurança que permitiu a integração do campo à cidade e vice-versa.

Mesmo ao preço da perda de uma certa poesia de liberdade, no Rio Grande a palavra "gaúcho" logo deixou de ser sinônimo de desordeiro, vagabundo, ladrão ou bandoleiro, diferente do que permaneceu sendo por muito tempo ainda nas bandas platinas e cisplatinas, onde daria origem ao lamentável fenômeno do caudilhismo que explica o persistente espírito separatista que Bolívar e San Martin não conseguiram extirpar.

Assim é explicado o fato da palavra "gaúcho" ter sido orgulhosa e oficialmente adotada entre nós para designar a população do Estado em geral. Até porque, a isso se acrescentaria mais tarde a formação distinta do político rio-grandense, de cunho progressista e social.

Assim, à luz dos processos históricos havidos, e até cingidos pela luz dos mitos, podemos atribuir ao termo um sentido de *Civilização e Ordem*.

Tudo isso acrescenta um sentido de grandiosidade e de centralidade à área, que pertencia de início ao vasto território espanhol determinado pelo Tratado de Tordesilhas, de modo que não integrava as capitanias hereditárias portuguesas.

O próprio nome original, "São Pedro", apenas somou-se a essa natureza central, posto que o trono de São Pedro é o centro espiritual do mundo.

Mais tarde, as importantes condições fluviais foram também enfatizadas, resultando no acréscimo da designação "do Rio Grande do Sul", a qual terminou hoje prevalecendo de forma exclusiva. Este "Rio Grande" alude por sua vez à Lagoa dos Patos (os Patos eram *índios* da região), que era tida na época como um imenso rio, junto a outras lagoas que lhe complementam.

Esses nomes derivam, em grande parte, da primeira cidade fundada no Estado, Rio Grande, que se chamou "Rio do Porto de São Pedro" e depois "Rio Grande de São Pedro", situada à entrada da Lagoa dos Patos – nomes esses dados já pelos espanhóis.

A aplicação dos termos ao conjunto do Estado, pelos portugueses, foi quase uma questão de lógica, servindo para consolidar as mudanças políticas na região à medida que a coroa lusitana se assenhorava das terras. Dessa forma, o nome estava completo. Havia o "rio" e o "continente", assim como o sentido de centro definido por "São Pedro", e que de certa forma se afirmava por servir de caminho entre as terras espanholas e portuguesas, nações que à época, exceção feita à Itália, representavam como nenhuma outra a Igreja Católica, que havia "presenteado" os ibéricos com o território sul-americano. Nesse caso, à principal área de litígio coube o nome do grande Apóstolo da Igreja.

Tudo isso foi justo, apesar da expressão "continente", aplicada apenas à região, se prestar a um duplo sentido e cair em desuso com o progresso do vernáculo e sob as novas definições políticas.

Nossa proposta é que se retome, por justiça, alguns destes nomes para o Estado, em especial acrescentando novamente "São Pedro", como na designação hispano-lusitana. Pode-se também resgatar o apelido "O Continente", usado por Érico Veríssimo para designar a região na sua apopéia *O Tempo e o*

Vento. Porque, realmente, o Rio Grande do Sul é o grande centro atual do (Sub-)Continente, seja do ponto de vista cultural, racial ou solar.

O nome "São Pedro" se acrescentou ao sentido central ou interior do território, pois o trono de São Pedro é o centro do mundo cristão, e localiza-se verdadeiramente nesta "nova" região, posto que os tronos cristãos europeus e orientais que o sucederam foram apenas preparatórios e simbólicos, mesmo tendo chegado a algum grau de glória, verdade e justiça.

De modo semelhante aos Distritos Federais nos contextos nacionais e, mais ainda, ao enclave sagrado do Vaticano para todo o mundo católico, o Território do São Pedro seria protegido e sustentado pelas Nações da Nova Lei, sobretudo as da América Latina, porquanto representaria o seu grande Centro cultural nato e sagrado. Surgirá "naturalmente" sob o processo de interiorização continental, tendo como base econômica o Mercosul.

Em vez de os políticos fugirem da Igreja, eles deverão agora buscá-la. Mais que isso, é ela que os indicará e aconselhará sobre os rumos nacionais. Tal coisa tem sido difícil numa Igreja de moral imperfeita, mas já não poderá ser negligenciada na Restauração Universal.

Trata-se pois da edificação do *Império de Luz*, de fundo puramente universal, destinado a reger moral e espiritualmente as nações do Subcontinente, tal como o Vaticano supervisionou os procedimentos legais, institucionais e sucessórios da Europa no decurso da Idade Média, numa verdadeira transposição do papel imperial romano para um plano superior, após ter a Igreja adotado e recuperado a estrutura legal-administrativa do Império, derrocado sob as instituições cristãs e as invasões bárbaras. Agora, tudo isso se redimensiona num grau ainda mais elevado de perfeição e integridade, sob a forma do verdadeiro *Reino de Deus* profetizado. E novamente, uma síntese institucional poderia ser elaborada. A Monarquia ou Teocracia central (continental) poderá conviver com Democracias e Parlamentarismos localizados (nacionais).

O Império Romano foi o Reino da Personalidade, o Império Católico é o Reino da Alma, e o Império Sul-Americano será o

Reino do Espírito. Correspondem também à expressão primária das três energias divinas: Pai, Filho e Espírito Santo, sendo esta última a tônica do Novo Mundo.

Eis portanto uma forma que consideraríamos perfeita de nomear, caracterizar e classificar doravante este Estado, reaproveitando todos os elementos que a História lhe tem oferecido:

Território Autônomo de
SÃO PEDRO DO RIO GRANDE DO SUL – "O CONTINENTE"
Enclave do Espírito no coração da América do Sul

Capítulo 27

UMA CIDADE MÁGICA

"Coisa de magia"... Com essas palavras se referem à cidade de Porto Alegre alguns conhecidos músicos gaúchos (que sequer nasceram em Porto Alegre), numa de suas mais belas canções. Acrescentam que, quando estão de "baixo astral", basta retornar a Porto Alegre, algo como quem vai a Meca, quem sabe... A razão para esta magia é sugerida sutilmente mais adiante: "paralelo trinta..." O Governo Municipal está virando o milênio com uma campanha turística onde diz que Porto Alegre é mais que um lugar, mas uma energia!

Existe na verdade muito mais do que saudades nas palavras dos artistas. Razões para se considerar, cada vez mais, Porto Alegre como uma espécie de novo "centro do mundo" e, sobretudo da América do Sul, abundam de uma forma impressionante. O leitor, que nesta altura possa achar que se trata de ufanismo, é convidado a seguir até o fim para, então sim, dar seu parecer.

Nossa abordagem estará focalizada em três tópicos principais, sempre relacionados: o mistério do paralelo 30, a questão do gauchismo, culminando então com uma análise do caráter e da natureza desta cultura e de seus potenciais.

A expressão "paralelo trinta" tem sido amplamente empregada pela mídia local e até no comércio. Tem sido nome de disco, de revista, de jornal, de churrascaria, de bar etc.

O que está por trás dessa expressão de alcance universal é o que pouca gente conhece.

De muitos lados surgem referências acerca do paralelo 30. Os livros de História reconhecem que foi nessa faixa que nasceram as grandes civilizações, no caso, no Hemisfério Norte. Basta citar as capitais da Caldéia (sobretudo Ur, cidade magnífica de onde saiu Abrahão), da Civilização do Indus (Harapa, junto a Mohenjo Daro, também centros urbanos requintados) e do Egito (Heliópolis, atual Cairo, antigo centro de regulagem do calendário). Depois vieram Jerusalém, a Pérsia (a esplendorosa Persépolis era uma espécie de "Brasília" persa), o místico Tibete (com sua capital Lhasa) etc.

Não se trata apenas de civilizações originais, mas também "áureas" ou ideais para suas épocas, sobretudo as primeiras. Para espanto dos historiadores, surgiram repentinamente do fundo de uma Idade de Ferro. A explicação para isto não estaria exatamente na abordagem linear da História feita pelos modernos, mas sobretudo em sua natureza cíclica (o que tampouco é circular), como viam os Antigos. Isso é possível porque a luz renasce na crise, como a Fênix.

As civilizações áureas são, basicamente, aquelas pautadas pela unidade de suas instituições, o que nos reporta sempre ao sagrado e às origens.

Entre os fenômenos físicos que se destacam na região, temos basicamente os de natureza geológica, magnética e climática. Como resultado, seguem os ventos e as marés, que geram nesta faixa importantes rotas de navegação, pelas quais vieram os antigos navegadores e os emigrantes às Américas, através de ambos os grandes Oceanos.

Dizem os astrônomos que as manchas solares são geradas no paralelo 30 do Sol, transitando em direção ao centro do astro-rei, indo até seu oposto e depois retornando, num ciclo total de 22 anos. Teses têm sido levantadas destacando, por analogia, as características especiais das culturas presentes nessa região central da Terra (ver José Arguelles, *The Earth Ascending*).

Existem informações acerca de influências geológicas no paralelo 30. Mas é em torno do geomagnetismo da Terra que encontraremos os mais importantes fenômenos. Como demonstra a matéria publicada no Jornal Zero Hora (6 de Setembro de 1992), o Rio Grande do Sul é a região de mais baixo geomagnetismo na Terra, pelo enfraquecimento máximo do cinturão de Van Allen, tornando a região o *maior foco de penetração de ondas e energias cósmicas do planeta.*

Qual a origem de todos esses fenômenos? Duas coisas devem ser observadas: seu caráter central e simbólico.

Uma delas é porque se acha no exato centro solar do hemisfério, proporcionando o equilíbrio (simetria) das estações e, portanto, do caráter humano.

A natureza central deriva do fato de esta faixa situar-se exatamente no meio do eixo da Terra. Isto faz com que as quatro estações sejam perfeitamente simétricas e equilibradas no decurso do ano. Tais virtudes têm sempre servido, através da História, para atrair o interesse dos povos para a região, pois potencializa condições muito favoráveis à existência humana. Adiante voltaremos a este ponto.

E há mais. A Ciência moderna não tem se detido muito sobre a importância das *formas* na organização dos corpos. No entanto, para os Antigos, as formas naturais da Criação – triângulos, quadrado etc. – determinavam a natureza de todas as coisas, desde as mais materiais às mais abstratas, como a própria História, através de suas cosmologias e ciclos matematicamente definidos. Existem evidências físicas disso em toda a natureza, como se observa nas plantas, nas células e nos cristais.

Nesse aspecto, a força do paralelo 30 deriva, entre outras coisas, do fato de ele estar determinado pela mais básica e poderosa das formas – o triângulo equilátero, formado pela relação entre os pólos da Terra com esta faixa central, como já demonstramos.

A questão simbólica, derivada de todos estes fatores – centralidade, magnetismo e síntese –, resulta do fato natural de sobre esta faixa serem geradas as grandes civilizações áureas da História, e nela surgirem os grandes expoentes divinos em raças "eleitas". Sobre a geometria básica do triângulo, a esfera e o eixo vertical, muitos símbolos e mitos áureos têm sido construídos. Por exemplo: a Montanha sagrada (Meru, Ararat, Kailas etc.); o Olho divino (Maçonaria, Templários, Egípcios etc.); a pirâmide (Egito, Caldéia, Índia, México, Peru etc.); a Espada e o Cálice sagrados (Celtas, Cristianismo etc.); a Cruz "latina" e Cruz de Malta (Cristianismo, Maias, Egito etc.); a Árvore de Iluminação/Sacrifício/Nascimento (Buda, Krishna, Odin, Osíris, Cristianismo) etc.

São, realmente, muitos os sábios e várias as profecias que dizem ser a América do Sul e, em particular, o Brasil, focos da nova Idade de Ouro. Nessa altura, queremos mencionar ainda duas coisas: as profecias e o símbolo de Porto Alegre.

O símbolo em questão diz respeito ao que a própria população elegeu para representar a cidade, ou seja: o seu belíssimo *pôr-de-sol.* Na simbologia tradicional, o pôr-de-sol refere-se ao surgimento da Divindade Ocidental; como o Manu dos egípcios que habitava o Ocidente.

No mesmo sentido, segundo alguns estudiosos, certas profecias fazem direta alusão à cidade de Porto Alegre. Uma é egípcia, feita por Hermes Trismegisto, e faz menção a uma cidade onde os "deuses ativos" seriam futuramente reimplantados, numa cidade povoada por povos vindos por terra e mar; certas indicações simbólicas apontam para o paralelo 30 sul. A outra estaria presente no próprio Apocalipse de São João, sobretudo na imagem da Cidade sagrada da Jerusalém celeste. Tudo isso já analisamos com detalhes, junto a outros aspectos que envolvem a simbologia do paralelo 30 e os valores áureos das civilizações em sua reimplantação no futuro do planeta.*

Tais coisas vêm se manifestando em termos concretos, incluindo a expressão de Doutrinas Perfeitas e a criação das Escolas Iniciáticas destinadas a formar o Homem Ideal e, portanto, os Governantes impolutos do Amanhã, fundamento para toda a Idade de Ouro ou Reino de Deus, garantia e segurança de paz, progresso e integridade universais.

---

* Ver *Jornal Paralelo ॐ – A Cultura da Idade de Ouro,* para este tema.

Incluem-se nisso, ainda, a criação de um Calendário tradicional centralizado em Porto Alegre e vários outros elementos.

Coordenadas Sagradas da Capital

Mencionamos acima a simbologia triangular do paralelo 30, que é a latitude de Porto Alegre, cabendo voltar a tratar agora da sua longitude, para então vir a relacionar ambas as coisas.

Coordenadas Áureas das Grandes Capitais Solares da História: Lumbini e Porto Alegre

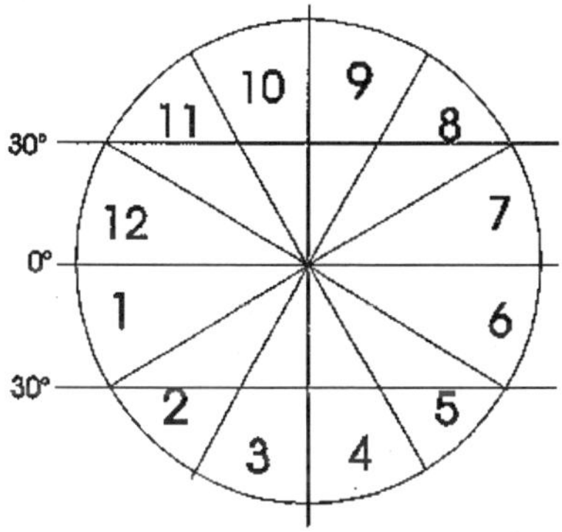

Coordenada Solar
Latitude de 30 graus
30 x 12 = 360 (Tempo)

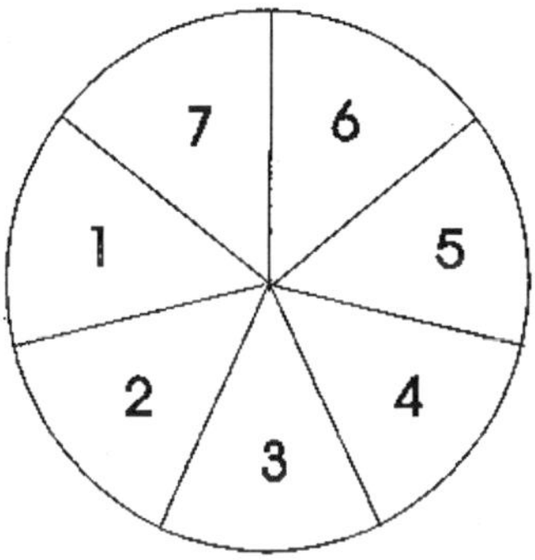

Coordenada Polar
Longitude de 52 graus
52 x 7 = 364 (Espaço)

Tal meridiano corresponde ao de 52°, relacionado a vários números da Tradição, cabendo citar a inclinação das paredes da Grande Pirâmide (assim como de certas pirâmides maias), medida que pode ser relacionada aos 52 anos dos ciclos escatológicos pré-colombianos, uma analogia do ciclo de 5.200 anos que separa a fundação dos grandes *Centros Solares* do paralelo 30°. Trata-se dos chamados *meridianos polares* de 52°, que é, por exemplo, a distância longitudinal entre *Lumbini* – a cidade natal de Gautama Buda, igualmente situada nas proximidades do paralelo *solar* de 30° – e a mesma *Heliópolis* no Egito, quando esta era o antigo centro geográfico do mundo, assim como é atualmente a distância de Porto Alegre a Greenwich, o moderno centro geográfico do planeta. Essa comparação comporta uma importante insinuação.

Tais coordenadas operam de modo a constituir *totalidades* através da clássica proporção arqueométrica-cabalística 12:7, da seguinte forma: 30 x 12 = 360; 52 x 7 = 360, onde o duodenário remete tradicionalmente à latitude (horizontalidade, circularidade) e ao tempo, e o setenário à longitude (verticalidade, axilidade) e ao espaço. Trata-se de um processo clássico de fundação periódica dos grandes *ashrams* solares da humanidade, com seus respectivos *dharmas* raciais.

Essa latitude corresponde ao processo horizontal relacionado ao Sol e ao Zodíaco (simbolizado pelos equinócios), enquanto a longitude se associa ao processo vertical vinculado aos Pólos e às Idades do Mundo (simbolizados pelos solstícios), contadas em número de Sete Idades segundo algumas tradições (inclusive a bíblica e a católica), e que representa uma fórmula alternativa ao também tradicional registro das 5 Eras Solares.

Se uma pequena digressão é permitida, o 5 e o 7 são complementares, como se vê na fórmula 7 x 5,1 = 36, acima. Pode-se considerá-las polaridades no âmbito axial. Num primeiro momento, o setenário se aplica ao espaço e o pentagrama ao tempo, sendo assim o 7 vertical e o 5 horizontal.

E para correlacionar a simbologia, deve-se dizer que as triangulações também apresentam polaridades. O triângulo vertical corresponde à divisão setenária, e o triângulo horizontal à divisão duodenária. Em princípio, a energia polar é radiativa e nucleica (exemplo: cidade sagrada), e a energia solar é concentrativa e difusa (exemplo: império sagrado); sendo porém intercambiáveis.

É devido a esta perfeita *arqueometria geográfica*, assim como ao amadurecimento dos tempos, que a ciência da Astrologia (assim como as restantes Ciências sagradas) é compreendida e coordenada de forma perfeita nessas regiões, dando lugar a uma organização cultural perfeita.

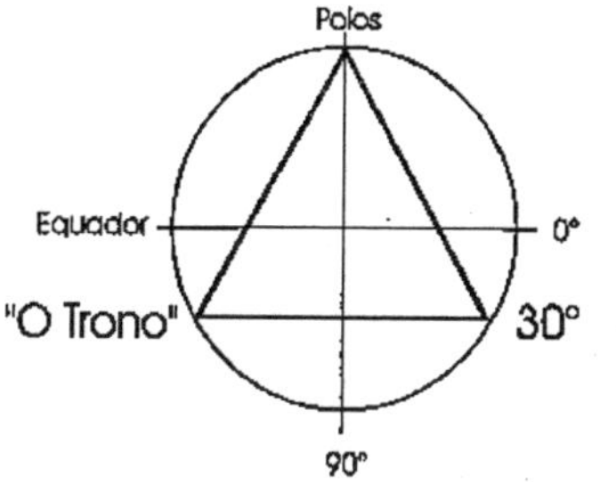

Triângulo Polar (longitude):
Síntese Global

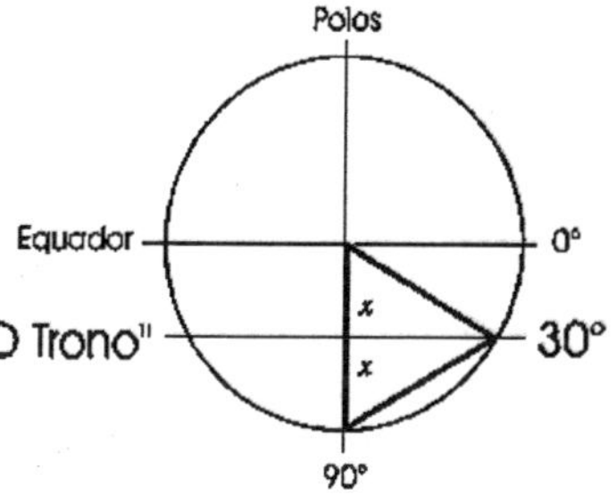

Triângulo Solar (latitude):
Centro do Hemisfério

Sabe-se que muitas tradições elaboraram cosmologias e astrologias baseadas sobre esta fórmula. A Astrologia européia tem seus doze signos e doze meses, assim como os sete dias semanais associados aos sete planetas. Também se observa no esquema tibetano da "Roda da Vida", ou *Bhavachakra* no tibetano, círculos de 12 e 7 divisões. Diga-se o mesmo das estruturas da cabala hebraica.

Será, pois, sobre estas mesmas coordenadas, que encontraremos alguns dos grandes *ashrams* solares da humanidade: no leste a partir do Egito, e no oeste desde a velha *Albion* – Inglaterra – ou, antes, do próprio meridiano de Greenwich em geral, o qual atravessa quase todas as regiões donde partiriam as raças colonizadoras do Novo Mundo. Tais coordenadas representam os grandes divisores históricos e geográficos do globo e, ao mesmo tempo, os seus focos maiores de síntese cultural e universalidade.

Existe portanto uma série ampla de elementos que configuram a centralidade de Porto Alegre. O turismo deve incorporar ao apelo telúrico e folclórico, também elementos místicos e sagrados, como preceitos de *peregrinação*, invocando as próprias virtudes locais e também os princípios evocados por esses contextos universais.

Com relação à *peregrinação*, é claro que ninguém vai a Jerusalém para estudar Teologia, mas sim para "ver os lugares por onde Jesus passou", porque isso lhes dá emoção. De fato, nada disto teria sentido se não se concretizasse no *aparecimento do Avatar*.

No entanto, estamos recém afirmando a natureza do novo Centro de cultura universal. Por isso, muitas coisas devem ser feitas para conscientizar as pessoas e os povos, visando chamar a sua atenção para o Dharma. Praças, exposições, palestras e ciclos literários devem ser criados. A Verdade iluminada está novamente sendo oferecida. Uma nova *fórmula* de salvação é trazida, segundo as necessidades atuais do mundo. A Geografia Sagrada não é apenas um exercício intelectual, mas uma *revelação* no sentido próprio do termo e uma indicação de ações e essências reais.

BIBLIOGRAFIA

ARGUELLES, JOSÉ. *The Earth Ascending*.

BAILEY, ALICE. *Tratado Sobre Magia Branca*. FEEU, Porto Alegre.

GUENÓN, RENÉ. *Formas Tradicionales y Ciclos Cosmicos*. Obelisco, Barcelona.

MAGALHÃES, ÁLVARO. *Dicionário Enciclopédico Brasileiro*. Globo, Porto Alegre, 1963.

RUDHYAR, DANE. *A Astrologia da Personalidade*. Pensamento, SP.

SAINT-HILAIRE, AUGUSTE DE. *Viagem ao Rio Grande do Sul*. Ariel, RJ, 1935.

SALVI, LUÍS A. W. *Nova Albion – A Emergência de uma Grande Civilização*.

—. *O Jardim do Sol*, Agartha.

—. *Jornal Paralelo ॐ – A Cultura da Idade de Ouro*. FEEU, Porto Alegre.

OYULE, CALIXTO. *Lecturas Selectas*. Angel Estrada & Cia., Buenos Aires.

PIOBB, PIERRE V. *Formulário de Alta Magia*. Francisco Alves, RJ, 1987.

VÁRIOS AUTORES. *Rio Grande do Sul – Terra e Povo*. Globo, Porto Alegre, 1969.

Biblioteca "EDUCAÇÃO FÍSICA E DESPORTOS"

Volumes publicados:

1.	*Aulas de Educação Física – 1.º Grau*	H. V. Teixeira & M. G. Pini
2.	*Metodologia Científica do Treinamento Desportivo*	M. J. Gomes Tubino
3.	*As Qualidades Físicas na Educação Física e Desportos*	M. J. Gomes Tubino
4.	*Teoria Organizacional na Educação Física e Desportos*	J. M. Capinussú
5.	*Em Busca de uma Tecnologia Educacional Para as Escolas de Educação Física*	M. J. Gomes Tubino
6.	*Os Exercícios Físicos na História e na Arte*	Jayr Jordão Ramos
7.	*Ginástica Rítmica Desportiva*	Ester de A. Vieira
8.	*Terminologia Aplicada à Educação Física*	M. J. Gomes Tubino
9.	*Planejamento Macro em Educação Física*	J. M. Capinussú
10.	*Prática na Educação Física no 1.º Grau: Modelo de Reprodução ou Perspectiva de Transformação*	Vera L. M. Costa
11.	*Esporte Para Todos – Um Discurso Ideológico*	Kátia B. Cavalcanti
12.	*Competições Desportivas – Organização e Esquemas*	J. M. Capinussú
13.	*Teoria Geral do Esporte*	M. J. Gomes Tubino
14.	*Psicomotricidade, Educação Física e Jogos Infantis*	Alexandre M. Mello
15.	*Repensando o Esporte Brasileiro*	M. J. Gomes Tubino
16.	*Administração e Marketing em Academias*	J. M. Capinussú
17.	*Esporte, Educação Física e Constituição*	M. J. Gomes Tubino
18.	*Moderna Organização da Educação Física e Desportos*	J. M. Capinussú
19.	*Esporte e Cultura Física*	M. J. Gomes Tubino
20.	*Ensino e Avaliação em Educação Física*	Sebastião Votre
21.	*Pedagogia da Educação Física*	Viktor Shigunov
22.	*O Pontapé Inicial*	Waldenyr Caldas
23.	*O Esporte no Brasil: Do Período Colonial aos Nossos Dias*	M. J. Gomes Tubino
24.	*Karatê Esporte*	Geraldo G. de Paula
25.	*Comunicação e Transgressão no Esporte*	J. M. Capinussú
26.	*História da Educação Física e do Esporte no Brasil*	Victor A. de Melo

NAS LIVRARIAS

Prol
editora gráfica
Av. Papaiz, 581 - Jd. das Nações - Diadema / SP

O *Cone-Olho-Vesica*

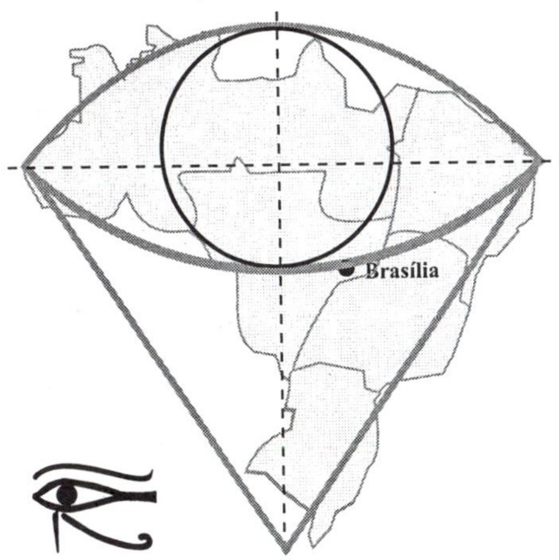

A forma territorial do Brasil reproduz o cone iniciático ou cosmológico de síntese, em cuja base está a vesica solar ou o olho divino.

Chave: A Gestação da Nova Civilização de Luz Dinamizada pelo Poder da Natureza.

A Cruz-Mandala

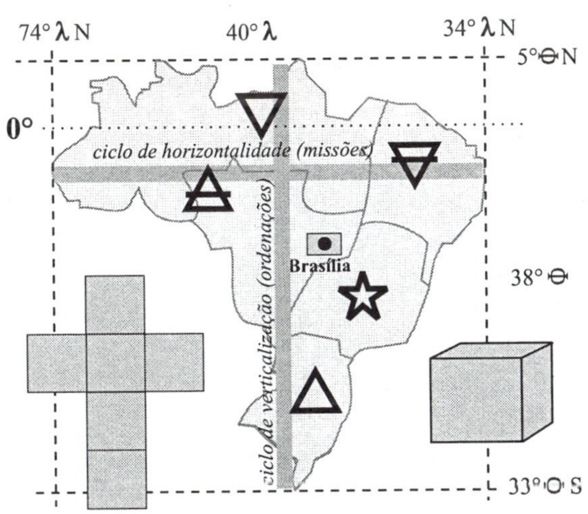

As 5 Regiões integram um Cubo-Mandala centralizado na Região Leste e no Distrito Federal. As coordenadas gerais formam uma cruz que reproduz os processos crísticos: a latitude sul (33°) representa o ciclo de ordenação, e a longitude (39°) o ciclo da missão. A unidade do quadro é sugerida pela continuidade do último grau de latitude (33°) com o primeiro grau de longitude (34°). A soma total destes valores proporciona o seguinte: 33 + 39 = 72, Grau Cósmico ou a idade arquetípica; 40 + 38 = 78 Arcanos do Tarô. A forma cúbica é o novo padrão cósmico e estrutura a Jerusalém celeste no Apocalipse.

Geografia Sagrada do Brasil
no contexto da América do Sul

"A Nação do Arco-Íris"

Sétima Sub-Raça Árya, a "Raça de Ouro"

Tal como o Zodíaco se divide em dois grupos de signos, o Equador divide os 12 países que cercam o Brasil em dois grupos de seis países.

Estes países geram 4 essências "elementais" e o Brasil surge como a quintessência sub-continental, especialmente a sua Região Sul.

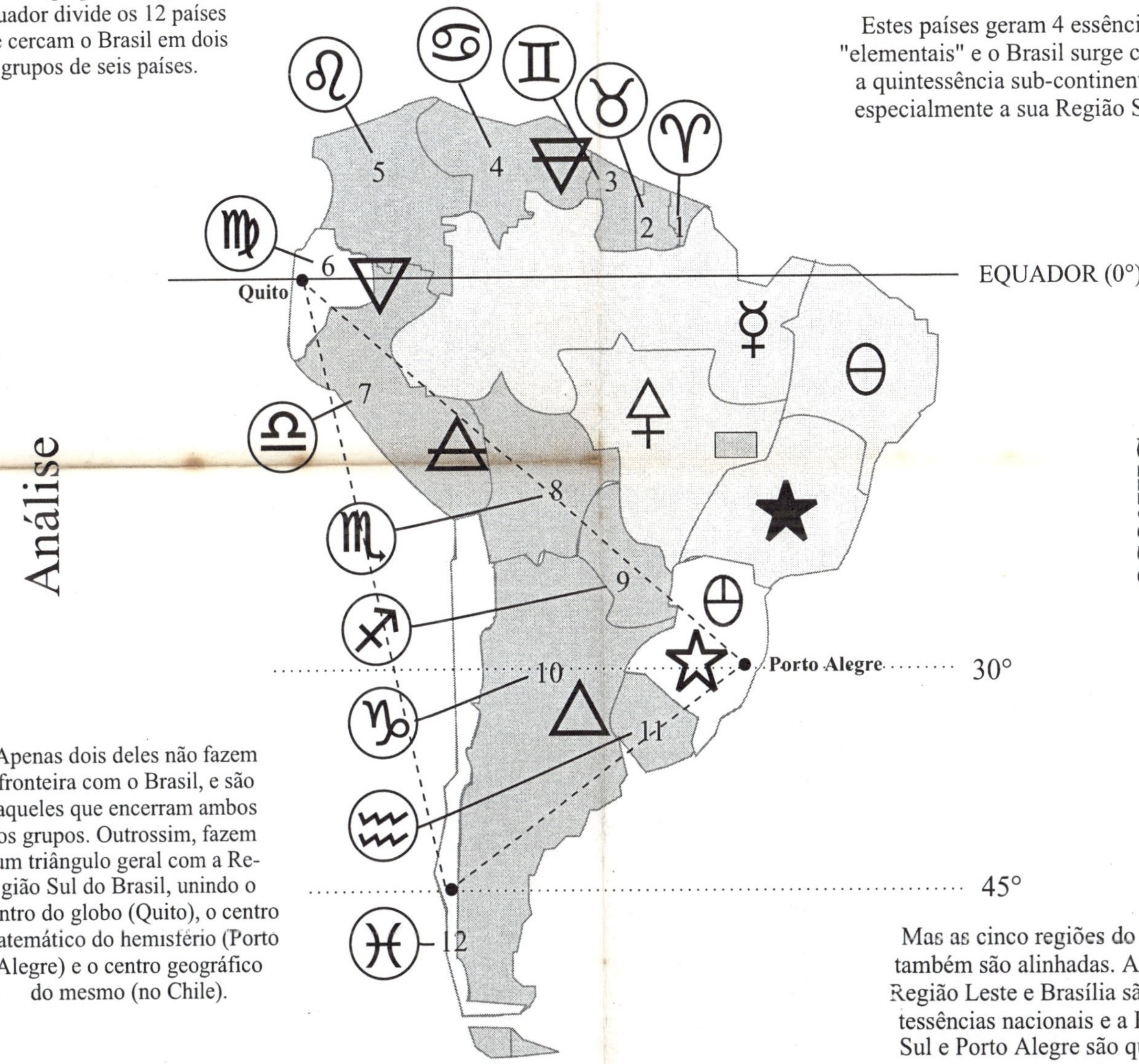

Apenas dois deles não fazem fronteira com o Brasil, e são aqueles que encerram ambos os grupos. Outrossim, fazem um triângulo geral com a Região Sul do Brasil, unindo o centro do globo (Quito), o centro matemático do hemisfério (Porto Alegre) e o centro geográfico do mesmo (no Chile).

Mas as cinco regiões do Brasil também são alinhadas. Assim, a Região Leste e Brasília são quintessências nacionais e a Região Sul e Porto Alegre são quintessências sul-americanas.

Base Astronômica do Jubileu de 500 anos: 72 anos x 7 = 504 anos
Nomes: Ciclo da Fênix (Egito), *Kaltun (maias) ou Pachacuti (incas)*

ELEMENTOS (HISPÂNICOS E OUTROS)

Terra .... Suriname, Guiana, Guiana Francesa
Água .... Venezuela, Colômbia, Equador.
Ar .... Peru, Bolívia, Paraguai
Fogo .... Argentina, Uruguai, Chile

Quintessência: Região Sul do Brasil

ALINHAMENTOS (BRASIL)

Sal, a Personalidade .... Região Nordeste
Mercúrio, a Alma .. .... Região Norte
Enxofre, o Espírito .... Região Centro-Oeste
Lápis, o Logos ... Região Sul

Quintessência: Região Leste

O *Arco*

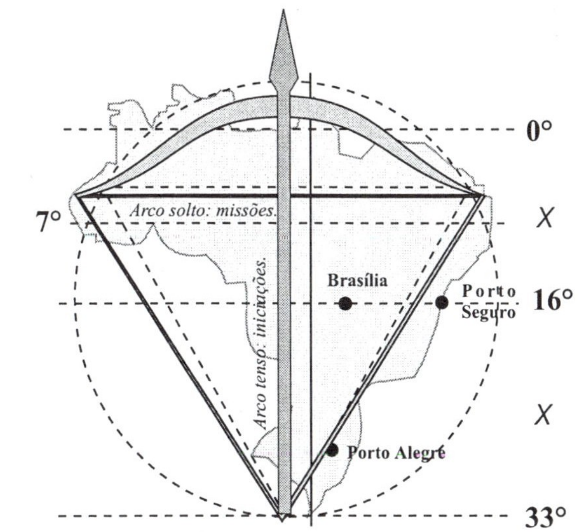

53° ("brasil-axialidade")

O cone brasileiro forma um arco (Ap 6,2) cuja fórmula evoca o 666 do Apocalipse, (número este atribuído à "besta", sinônimo de *balestra),* e cuja "flecha" crística está contida na base da axialidade brasileira, em Porto Alegre. O arco tenso indica *iniciações* e o arco solto indica *missões.* Brasília –como Porto Seguro, local do "Descobrimento"– ficam na exata metade da extensão territorial sul, no grau 16.

As 4 Faixas

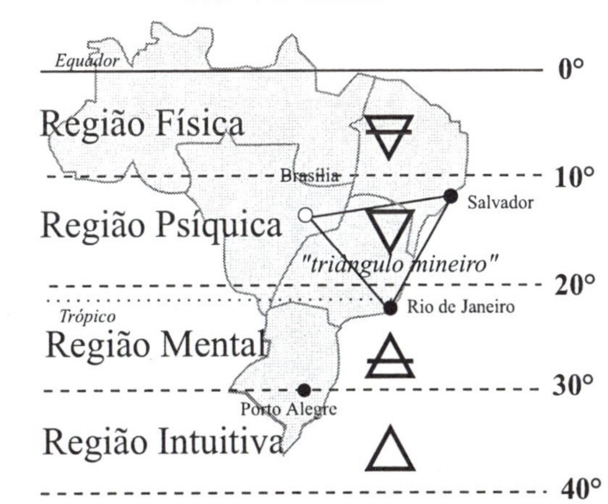

O território brasileiro integra todas as três faixas-de-construção relacionadas às energias física (0° a 10°), psíquica (11° a 20°) e mental (21 a 30°), tal como ocorre unicamente na Índia, extendendo-se ainda a quase 40° em ambas as direções. As três Capitais históricas do País centralizam setores geográficos e etapas de sua evolução (Salvador, no meio da faixa tropical, representa a etapa colonial; o Rio de Janeiro, sobre o Trópico, aponta a etapa monarquista; e Brasília, no centro do País, a etapa republicana), integrando entre si as três faixas-de-construção num triângulo que encerra Minas Gerais (o verdadeiro "coração brasileiro" e cuja bandeira exibe o triângulo), ao passo que Porto Alegre representa um centro de transcendência e de integração continental.